WIL
P 336

Verlag Podszun-Motorbücher GmbH
Elisabethstraße 23-25, D-59929 Brilon
Herstellung Druckhaus Cramer, Greven
ISBN 3-86133-265-5

Titelfotos: Arnold Henscheid (oben links), Manfred Weisbrod (oben rechts), Rudi Heppe (unten)

Jahrbuch 2002 Traktoren

PODSZUN

Liebe Leserin, lieber Leser!

Vor Ihnen liegt die siebente Ausgabe des Jahrbuchs Traktoren. Wir freuen uns sehr, Ihnen wieder eine bunte Mischung unterschiedlicher Themen rund um das Hobby Traktoren anbieten zu können. Wir werden mitunter kritisch gefragt, warum wir das Buch „Jahrbuch" nennen, obwohl es in den Beiträgen um Traktoren geht, die nicht in dem entsprechenden Jahr auf den Markt gekommen seien. Die Antwort: „Jahrbuch" heißt lediglich, dass das Buch jährlich neu erscheint. Wir entscheiden uns für Artikel, die wir für interessant erachten und legen dabei großen Wert auf die Aufbereitung historischer Themen. Für besonders hartnäckige Kritiker hier die Definiton des Begriffs „Jahrbuch" aus Brockhaus Deutsches Wörterbuch: „...jährlich herausgegebenes Buch mit Aufsätzen, Forschungsberichten, Bibliographien usw. über ein Wissensgebiet".

Dank gilt an dieser Stelle allen Autoren und Bildgebern, die in den letzten Wochen und Monaten mit Engagement und Tempo gearbeitet haben, damit dieses Jahrbuch rechtzeitig zur Frankfurter Buchmesse 2001 erscheinen kann. Ein technischer Hinweis: Namentlich gekennzeichnet sind lediglich Abbildungen, die nicht von den jeweiligen Verfassern der Artikel stammen.

Damit die Autoren dieser Ausgabe hier nicht nur als pure Namen „verewigt" werden, möchten wir sie in aller Kürze vorstellen. Michael Bach lebt in Berlin, er schreibt für Fachzeitschriften und hat bereits eine ganze Reihe von Büchern über Traktoren verfasst. Im sauerländischen Brilon lebt Rudi Heppe, der Kennern der Traktoren-Szene ebenfalls seit langem als Buchautor und freier Publizist ein Begriff ist. Auch Manfred Weisbrod aus Hartha ist kein Unbekannter, er schreibt für verschiedene Fachpublikationen und hat viele Bücher zum Thema Lokomotiven veröffentlicht. Begeisterter Fendt-Liebhaber und -Kenner ist Gilbert Kremer aus Heidweiler, der sich ebenfalls mit mehreren Buchveröffentlichungen einen Namen gemacht hat. Erstmals „zur Feder gegriffen" hat der 23jährige Björn Röleke aus Marsberg, der sich den Traktoren von Hanomag verschrieben hat. Claus Ludwig ist der Leiter des Agrarhistorischen Museum in Alt Schwerin und Veranstalter von traditionellen Traktorentreffen. In Gottmadingen kümmern sich die Fahr-Schlepper-Freunde e.V. um die Historie dieser Traktorenmarke und geben regelmäßig eine eigene Zeitschrift heraus.

Ihnen, liebe Leserin, lieber Leser, wünschen wir viel Vergnügen mit dem Jahrbuch und nicht vergessen: das nächste Jahrbuch Traktoren, die Ausgabe 2003, ist im Oktober 2002 erhältlich. Falls Sie selbst einmal für das Jahrbuch zur Feder greifen möchten, seltenes Bildmaterial zur Verfügung stellen können, Kritik oder Anregungen anbringen möchten, schreiben Sie uns bitte an die unten stehende Adresse. Wir freuen uns auf den Kontakt mit Ihnen.

Ihr Redaktionsteam „Jahrbuch Traktoren"

P.S.

Sie können das Jahrbuch Traktoren in Buchhandlungen oder direkt beim Verlag auch abonnieren.
Fordern Sie unser kostenloses Gesamtverzeichnis mit Büchern über Baumaschinen, Lastwagen, Autos, Motorräder, Traktoren und Feuerwehrfahrzeuge an: Verlag Podszun-Motorbücher, Elisabethstraße 23-25, D-59929 Brilon, Telefon 02961 / 53213, Fax 02961 / 2508, Email: verlag.podszun@t-online.de

Die ff-Schlepperreihe von Fendt

von Gilbert Kremer

Der immer härter werdende Wettbewerb, die rückläufige Entwicklung auf dem Schleppermarkt und ein Programm mit über 20 verschiedenen Modellen waren unter anderem der Grund dafür, dass Ende der fünfziger Jahre das Unternehmen Fendt wieder einmal auf dem Prüfstand stand. Wollte man auch in Zukunft weiter auf dem Traktorenmarkt in vorderster Front mitmischen, so mussten moderne, zukunftsorientierte Produkte dem Landwirt angeboten werden.

Als Ergebnis dieser Herausforderung präsentierten die Marktoberdorfer Schlepperbauer Mitte des Jahres 1958 einen neuen 40-PS-Schlepper. Außerdem galt es für die Werbestrategen, eine neue Bezeichnung zu finden, denn das Dieselross sollte nach über 20 Jahren abgelöst werden. Nach langem hin und her einigte man sich auf „Favorit". Er war somit der erste, der in den nächsten Jahren vollkommen neu entwickelten „ff"-Schlepperreihe.

Äußerlich erkannte man den „modernsten" Fendt-Schlepper an der veränderten Haubenform mit eingebauten Scheinwerfern. Es gab keine hervorstehenden Teile, selbst der Ölbadluftfilter war unter der Motorhaube verschwunden. Im wettergeschützen und beleuchteten Armaturenbrett war selbst für die Fahrzeugpapiere ein verschließbares Ablegefach eingebaut. Als Antrieb hatte man sich für einen Dreizylinder-Viertakt-Dieselmotor von MWM mit dem sogenannten Gleichdruck-Vorkammer-Verbrennungsverfahren, der dem Schlepper einen ruhigen Lauf verlieh, entschieden. Die Leistung war auf 40 PS gedrosselt. Weitere Vorteilen des Motors: hartverchromte auswechselbare Zylinder-Laufbüchsen, einzeln austauschbare Zylinderköpfe, vierfach gelagerte Kurbelwelle und ein Zweikreisthermostat-Kühlsystem.

Der Favorit hatte ein neuartiges, besonders leicht schaltbares Halbsynchrongetriebe mit neun Vorwärts- und zwei Rückwärtsgängen einschließlich fünf Kriechgängen. Von 350 m/h bis 20 km/h reichten die Geschwindigkeitsabstufungen. Auf Wunsch konnte eine Schnellgangübersetzung mit einer maximalen

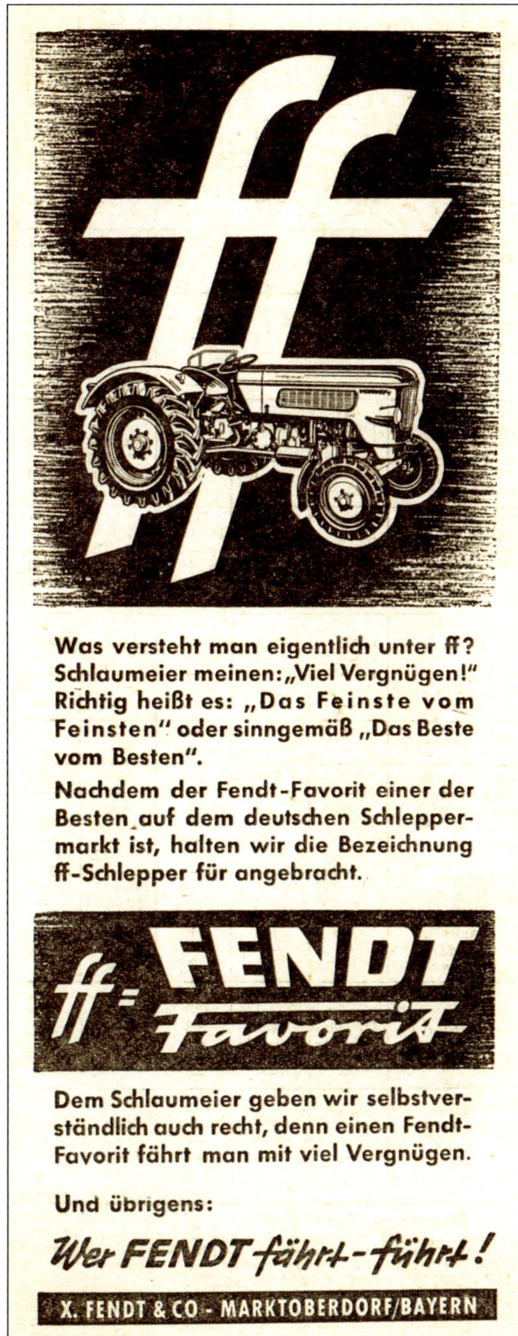

Inserat von 1959

Werbung für die neue ff-Reihe in den periodisch erscheinenden „Fendt-Nachrichten" Ausgabe 2/1959

Fendt Favorit 1 mit 40 PS, Baujahr 1958

Fendt Favorit 1 mit 40 PS, Baujahr 1958

Fahrgeschwindigkeit von etwa 29 km/h geliefert werden. Bei dem eingebauten Halbsynchrongetriebe wurden keine Zahnräder geschaltet, sondern die ständig mitlaufenden Zahnräder mit einer Stiftenkupplung mit den Wellen verbunden. Dadurch war ein leichtes Schalten möglich.

Erwähnenswert ist auch die neu entwickelte Tornado-Duplex-Kupplung. Durch ein neuartiges Kühlsystem wurde der Kupplungsverschleiß verringert und die Lebensdauer der Doppelkupplung erhöht. Neben der kupplungsunabhängigen Motor- und Getriebezapfwelle war der Favorit noch mit einer Wegzapfwelle ausgestattet. Die bewährte Fendt-Dreipunkt-Hydraulik verfügte bei einem Arbeitsdruck von 120 atü über ein Arbeitsvermögen von etwa 1000 mkg. Mit dieser Hubkraft gehörte sie zu den stärksten Maschinen, die auf dem deutschen Schleppermarkt angeboten wurden.

Neu war auch das Fendt-Hydro-Drucksystem. Es ermöglichte, mit der Hydraulik die Hinterachse zu belasten und damit den Schlupf der Antriebräder zu vermindern. Als Zusatzgeräte wurden angeboten: Frontlader, Mähwerk, Seilwinde, Allwetterverdeck, Zugpendel, Startostop und eine hydraulische Lenkungseinrichtung.

Werbung in den „Fendt-Nachrichten" 4/58

Der wasser- oder luftgekühlt erhältliche Fendt fix 1 von 1958

Ebenfalls wasser- oder luftgekühlt im Angebot: Farmer 1

Ebenfalls 1958 wurde die mit dem Favorit begonnene „ff"-Reihe um den Kleinschlepper „fix 1" in wassergekühlter Version mit 15 PS und luftgekühlt mit 14 PS Leistung für die nun immer größer werdende Zahl der motorisierungswilligen Kleinbauern erweitert. Nicht nur äußerlich glich der Fendt fix 1 dem Favorit, auch der Einzylinder-Viertakt-Dieselmotor von MWM verfügte über das neue Gleichdruck-Vorkammer-Verbrennungsverfahren. Das eingebaute Zwölfganggetriebe mit Doppel-H-Schaltung des 19-PS-Fendt-Geräteträgers, bereits in der Praxis bewährt, verfügte über ausreichende Sicherheit auch bei schwerstem Einsatz. Neben der Tornado-Kupplung, Getriebe- und Wegzapfwelle war die bewährte Fendt-Dreipunkt-Hydraulik mit einem Arbeitsvermögen von etwa 525 mkg eingebaut.

Mit der letzten Neuvorstellung 1958 wurden die mittelgroßen landwirtschaftlichen Betriebe angesprochen. Als „Farmer 1" wurde ein 25-PS-Schlepper in wasser- oder luftgekühlter Version angeboten. Das Herz war bei der wassergekühlten Ausführung ein Zweizylinder-Viertakt-Dieselmotor mit Wirbelkammerbrennverfahren, bei Luftkühlung ein Zweizylinder-Viertakt-Dieselmotor mit Direkteinspritzung in

Fendt trifft Fendt: Der 25 PS starke Fendt Farmer 1

den Kolbenbrennraum, beide von MWM. Es war ein Fendt Achtgang-Getriebe mit Doppel-H-Schaltung eingebaut. Mit Motorzapfwelle und der Tornado-Duplex-Kupplung eignete sich der Farmer 1 ganz besonders als Mähdrescher- oder Feldhäcksler-Schlepper für den mittleren Landwirtschaftsbetrieb. Die Fendt-Dreipunkt-Hydraulik mit einem Arbeitsvermögen von etwa 615 mkg, die Hydo-Druckeinrichtung und viele andere Bauteile verrieten die Zugehörigkeit des Farmers zur neuen Baureihe.

Die Erneuerung des Typenprogramms ging auch 1959 weiter, wiederum wurden drei neue Schlepper der Öffentlichkeit vorgestellt. In der unteren PS-Klasse der „fix 2" wahlweise in wassergekühlter Version mit 18 PS oder in luftgekühlter Ausführung mit 19 PS, beide mit Zweizylinder-Viertakt-Dieselmotoren von MWM mit direkter Einspritzung in den Kolben - raum. Das Achtgang-Fendt-Getriebe wurde aus dem erfolgreich in der landwirtschaftlichen Praxis eingesetzten Fendt-Geräteträger übernommen. Die Getriebezapfwelle konnte auch als Wegzapfwelle geschaltet werden. Die im „fix 2" eingebaute Fendt-Dreipunkt-Hydraulik hatte ein Arbeitsvermögen von etwa 600 mkg.

Fendt Fix 2 mit Bindemäher bei der Getreideernte im Alpenvorland

Fendt Farmer 2 mit 34 PS

Fotos: Rudi Heppe

Inserat von 1960

Inserat von 1961

Als „Triumpf der Technik", so die Werbeanzeigen von Fendt, wurde der neue Mittelklasse-Schlepper Farmer 2 präsentiert. Ein 34-PS-Dreizylinder-Viertakt-Dieselmotor von MWM mit dem Gleichdruck-Vorkammer-Verbrennungsverfahren wurde als Antriebsaggregat eingebaut. Das leicht schaltbare Halbsynchrongetriebe verfügte über acht Vorwärts- und vier Rückwärtsgänge, die ständig im Eingriff stehenden Zahnräder wurden über Kupplungen mit den Wellen verbunden. Die Tornado-Duplex-Kupplung wurde mit nur einem Pedal bei abgestuftem Pedalweg betätigt. Mit einem Hebel ließ sich sowohl die kupplungsunabhängige Motorzapfwelle mit 550 U/min und bei Schnellstufe mit 1000 U/min sowie die Wegzapfwelle schalten. Ebenfalls neu war die stufenlose Arretierung der Feststellbremse. Ausgerüstet mit der Fendt-Dreipunkthydraulik hatte der Farmer 2 eine Hubkraft an der Ackerschiene von 835 mkg. Das Fendt-Hydro-Drucksystem ermöglichte eine zusätzliche Belastung der Antriebsachse bei angebauten Arbeitsgeräten.

Als Abschluß der „ff"-Schlepperreihe nach oben wurde der Favorit 2 mit einem 46 PS-Dreizylinder-Viertakt-Dieselmotor von MWM mit dem Gleichdruck-Vorkammer-Verbrennungsverfahren ins Programm aufgenommen. Ein neuartiges und besonders robustes Halbsynchrongetriebe mit zehn Vorwärts- und zwei Rückwärtsgängen hatte bei Normalgang-Ausführung eine Gangabstufung von 0,8 km/h bis 20 km/h, bei Schnellgang-Ausführung von 1,0 km/h bis 30 km/h. Die eingebaute Fendt-Dreipunkt-Hydraulik war mit einem neuentwickelten Steuergerät mit hydraulisch gesteuerter Endabschaltung ausgerüstet. Außerdem bestand beim Favorit 2 die Möglichkeit, Anhängegeräte hydraulisch zu steuern. Die Steuerung erfolgte über Schlauch-Schnellkupplungen zu den doppelt wirkenden Arbeitszylindern der Anhängegeräte.

Nach dieser Programmumstellung galt es nun, diese neuen Produkte in der Praxis den Landwirten zu präsentieren. Dieses geschah einmal durch groß angelegte Vorführaktionen im ganzen Land und zum anderen auf der DLG-Ausstellung 1960. Mit dem Slogan „Vier Trümpfe im Traktorenbau" wurden auf einem großflächigen Stand neben dem Fendt-Einmannsystem mit 19 PS die Schlepperbaureihen Fix 15 und 19 PS, Farmer 25 und 34 PS und Favorit 40 und 46 PS gezeigt.

Als Verstärkung des Fendt-Einmannsystems wurde anläßlich der Fertigstellung des 100 000sten Fendt-Schleppers im Mai 1961 ein neuer Geräteträ-

Inserat von 1959

Der Jubiläumsschlepper rollt vom Band

ger vorgestellt. Mit seinen 25 PS war er nun so leistungsfähig, dass er auch in größeren Betrieben als Alleinschlepper zur Vollmechanisierung eingesetzt werden konnte. Ausgestattet mit Motorzapfwelle wurden weitere Einsatzmöglichkeiten für zapfwellengetriebene Maschinen eröffnet. Bei dieser Vorstellung auf dem Werksgelände von Fendt wurde erstmals der neue Geräteträger als selbstfahrender Rübenvollernter gezeigt.

Im selben Jahr wurde die Schlepperreihe im unteren Leistungsbereich um den „fix 16" mit einem wassergekühlten Zweizylinder-Viertakt-Dieselmotor mit 16 PS und den „fix 2 D" mit einem luftgekühlten Zweizylinder-Viertakt-Dieselmotor mit 17 PS Leistung erweitert. Beide Modelle entsprachen in ihrer technischen Ausführung und in der äußeren Form dem bereits bewährten fix 2, dessen Motor jeweils auf 16 beziehungsweise 17 PS gedrosselt war. Ausgestattet waren beide mit einem Fendt-Getriebe mit sechs Vorwärts- und zwei Rückwärtsgängen, auf Wunsch zusätzlich drei Superkriechgänge vorwärts und ein Rückwärts-Kriechgang. Die Fendt-Dreipunkt-Hydraulik mit dem Hydro-Drucksystem verfügte über eine Hubkraft von 600 mkg an der Ackerschiene.

Fendt Geräteträger von 1961 mit 25 PS

Inserate von 1962 und 1963

Fendt fix 16 mit wassergekühltem Dieselmotor mit 16 PS

Der 25 PS-Schlepper Fendt Farmer 1Z

Eine Programmreduzierung von den bisher 14 auf neun Baureihen erfolgte 1963. Alle Schlepper bis 19 PS Leistung wurden aus dem Fertigungsprogramm genommen. Gleichzeitig wurde die Farmer-Reihe um den Farmer 2 D mit 28 PS erweitert, der in seiner technischen Ausführung dem 34-PS-Farmer 2 entsprach, lediglich der Dreizylinder-Viertakt-Dieselmotor von MWM war auf 28 PS gedrosselt. Serienmäßig war das Halbsynchron-Zwölfganggetriebe mit acht Vorwärts- und vier Rückwärtsgängen und einem Superkriechgang mit etwa 0,6 km/h eingebaut. Auf Wunsch war ein Schnellganggetriebe lieferbar.

Um der gesteigerten Nachfrage der mittelbäuerlichen Betriebe gerecht zu werden, wurde im selben Jahr ein neuer 25-PS-Schlepper mit der Bezeichnung Farmer 1 Z in das Produktionsprogramm aufgenommen. Für diesen Schlepper wurden die wesentlichen Teile, der luftgekühlte Zweizylinder-Viertakt-Dieselmotor von MWM, das Fendt-Getriebe sowie andere wichtige Bauelemente wie Hinterachse und Differential aus der Geräteträger-Serie übernommen. Auf Wunsch konnte der Farmer 1 Z mit einem Super-Kriechganggetriebe ausgerüstet werden, wodurch sich die Anzahl der Vorwärtsgänge auf neun und die

Inserat von 1963

Der Favorit 3 bewährt sich bei der Getreideernte 1963

Mit wassergekühltem 52 PS-Vierzylindermotor: Fendt Favorit 3

der Rückwärtsgänge auf drei erhöhten. Zur Serienausstattung gehörte die Fendt-Dreipunkt-Handregelhydraulik mit einer Hubkraft von etwa 730 mkg.

Erstmals in der Geschichte des Schlepperbaus bei Fendt wurde im Oktober 1963 mit der Vorstellung des Favorit 3 mit 52 PS die 50-PS-Leistungsgrenze überschritten. Gleichzeitig mit dieser Neuvorstellung wurden die bisherigen Typen Favorit 1 mit 40 PS und Favorit 2 mit 46 PS aus dem Programm genommen. Diese Rationalisierungsmaßnahme stand im Einklang mit der Forderung aus der Praxis nach Schleppern mit größerer Leistung.

Der Favorit 3, ausgestattet mit einem wassergekühlten Vierzylinder-Viertakt-Dieselmotor von MWM, brachte bei einer Drehzahl von 2300 U/min und drei Litern Hubraum 52 PS Leistung. Das Halbsynchrongetriebe verfügte über 20 Gänge, davon 16 Vorwärts- und vier Rückwärtsgänge. Die Geschwindigkeiten reichten von 0,3 km/h bis 20 km/h, bei Schnellgangausführung bis 30 km/h. Der Favorit 3 war serienmäßig mit einer automatischen Fendt-Regelhydraulik ausgerüstet, mit dem Vorteil der Mischregelung, bei der stufenlos zwischen Zugkraft- und Lageregelung gewählt werden konnte. Die Hubkraft betrug 1800 kg

Inserat von 1963

Fendt Farmer 3 S von 1966

an der Ackerschiene. Auf den Fahrkomfort wurde bei der Konstruktion besonders geachtet. So war der gummigefederte, nach Gewicht und Größe des Fahrers einstellbare Polstersitz und auch die gefederte Vorderachse Standard.

Mit dem Farmer 3 S, dem modernsten Fendt-Schlepper mit größerer Leistung, mehr Sicherheit und mehr Fahrkomfort, wurde 1964 das Schlepperprogramm in der Mittelklasse nach oben abgerundet. Zum Einbau kam der im Favorit 3 mit 52 PS bewährte Vierzylinder-Viertakt-Dieselmotor von MWM, jedoch gedrosselt auf 45 PS Leistung, aber mit einem neuen Direkteinspritz-Verbrennungsverfahren. Das neue 17-Gang-Fendt-Gruppenschaltgetriebe verfügte über 13 Vorwärts- und vier Rückwärtsgänge. Zusätzlich konnte es mit vier Superkriechgängen und einem Schnellgang (29 km/h) ausgestattet werden. Mit einem zusätzlichen Schalthebel ließen sich über einen Drehmomentwandler alle Gänge, mit Ausnahme des Schnellgangs, um etwa 30 Prozent in der Zugkraft oder in der Geschwindigkeit erhöhen. Die wichtigsten acht Gänge waren außerdem vollsynchronisiert schaltbar. Durch das neue Lastschalt-Wendegetriebe (TWS) konnte der Farmer 3 S in allen

Das „Cockpit" des Farmer 3 S

Gängen ohne zu schalten und zu bremsen vor- oder rückwärts fahren. Zur Fahrtrichtungsumkehr brauchte der Fahrer nur das Kupplungspedal zu betätigen und hatte damit beide Hände frei für das Lenkrad und andere Bedienungshebel.

Als weitere technische Neuheit wurde erstmals eine ölhydraulische Kupplung zwischen Motor und Verteilergetriebe eingebaut, die danach unter dem Namen Turbo-Kupplung bis heute ein Markenzeichen für die Schlepper aus dem Allgäu darstellt. Neben einer modernen Dreipunkthydraulik, die nach Bedarf auf Zugkraft-, Lage- oder Mischregelung schaltbar war, und deren Impulsgebung über den oberen Lenker erfolgte und eine Hubkraft von 1600 kg an der Ackerschiene hatte, verfügte der Farmer 3 S über insgesamt drei Zapfwellen, von denen zwei hinten und eine vorne angebracht waren, und die alle mit nur einem Hebel unabhängig vom Fahrbetrieb ein- und ausgeschaltet werden konnten.

Unter dem Motto „Mehr PS sind Trumpf" wurde Mitte des Jahres 1964 der bis dahin stärkste Fendt, mit Allradantrieb, unter der Bezeichnung Favorit 4 als Prototyp auf der DLG-Ausstellung der Öffentlichkeit präsentiert. Erstmals war ein Fendt-Schlepper mit einem Sechszylinder-Viertakt-Dieselmotor ausgestattet. Mit seinen 4,5 Litern Hubraum brachte er bei 2300 U/min 80 PS Leistung. Das leicht schaltbare Halb-Synchrongetriebe mit acht Vorwärts- und vier Rückwärtsgängen erreichte eine fast stufenlose Geschwindigkeitsanpassung von 0,65 km/h bis zu 28 km/h. Die automatische Fendt-Regelhydraulik hatte eine Hubkraft von 2600 kg an der Ackerschiene. Das Eigengewicht des Favorit 4 betrug 3200 kg. Als Sonderausrüstung konnte eine vollhydraulische, gestängelose Lenkung, die auch bei stillstehendem Motor funktionsfähig blieb, geliefert werden. Als konstruktive Neuheit konnte der Allradantrieb während der Fahrt ein- und ausgeschaltet werden. Das stufenlose, ruckfreie und schnelle Schalten durch eine Überlastrutschkupplung war besonders in den Fällen, bei denen das langwierige und umständliche Einrasten einer Klauenkupplung viel zu viel Zeit beanspruchte und das Festfahren des Schleppers bei ungünstigen Bodenverhältnissen kaum verhindert werden konnte, ein großer Fortschritt. Neben dem Favorit 4 mit 80 PS war nun auch der Favorit 3 mit 52 PS auf Wunsch mit Allradantrieb lieferbar.

Mit den Schlagworten „Mehr PS, größere Leistung, mehr Fahrkomfort" wurde der neue 30-PS-Geräteträger in der Presse vorgestellt. Mehr PS: Der

luftgekühlte Dreizylinder-Viertakt-Dieselmotor von MWM verfügte bei einer Drehzahl von 2000 U/min und über eine Dauerleistung von 30 PS. Größere Leistung: Das Arbeitsvermögen der Fendt-Dreipunkthydraulik war gegenüber der Hydraulik des 25-PS-Geräteträgers um 20 Prozent auf 765 mkg an der Ackerschiene und auf 1365 mkg am Zwischenachskraftheber erhöht worden. Mehr Fahrkomfort: Nach dem Parallelogrammprinzip war der Fahrersitz neu entwickelt. Er war mit zwei Zugfedern und einem zusätzlichen hydraulischen Stoßdämpfer ausgestattet, höhen-, seiten- und längsverstellbar und konnte auf das jeweilige Fahrergewicht eingestellt werden.

Ende 1966 wurde der „Favorit 4" in einer neuen kantigen Form vorgestellt. Laut Fendt waren technische Anforderungen der Grund für dieses Design. Um die optimale Leistung zu bringen, musste eine verbesserte Luftzuführung und gleichzeitig auch ein besseres Ableiten der erwärmten Luft erreicht werden. Dieses wurde durch die neue Formgestaltung und den vergrößerten Kühlergrill erreicht.

„Alle anderen Schlepper behalten die bisherige Form" wurde zwar von Seiten der Firma Fendt in der Presse behauptet, doch nach und nach wurden die hier beschriebenen Typen auf das neue kantige Design umgestellt oder durch andere Typen, direkt mit der neuen Form ausgestattet, ersetzt. Als „die moderne Fendt-Serie" wurde das neue Geräteträger- und Schlepperprogramm in den folgenden Jahren mit Leistungen von 22 bis 90 PS am Markt vorgestellt und löste die erfolgreiche „ff"-Schlepperreihe ab.

Prospekt von 1966

Bulldog-Raritäten in Brokstedt

von Michael Bach

Auch im Jahr 1 nach dem kaum zu überbietenden 25. Jubiläum im vergangenen Jahr hatte der LBCH e. V. einige Bulldog-Überraschungsgäste, die zu den Top-Raritäten gerechnet werden müssen. Allerdings brachte es der Ablauf der Veranstaltung mit sich, daß man diese Maschinen buchstäblich aufstöbern oder zumindest das Glück haben mußte, daß sie einem bei einer der wenigen Gelegenheiten, bei denen sich die Schlepper hier bewegen können, begegneten. Da die Sonderschau in diesem Jahr den „Schleppern aus Schleswig-Holstein und Hamburg" vorbehalten war, tat sich hier nichts in Sachen Lanz, und die Besitzer der seltenen Stücke mochten weder ihre Geschicklichkeit im Parcours beweisen, noch wollten sie sich (verständlicherweise für den, der die Brokstedter Verhältnisse kennt) der quälenden, weil allzu langsamen Prozedur der offiziellen Fahrzeug-Vorstellung unterziehen.

Es lohnte sich also, die Augen offen zu halten. Bereits am Mittwoch, als ich zu ungewohnt später Stunde das Speedway-Stadion erreichte, hatten wie immer viele Maschinen Stellung bezogen. Es tut immer gut, wenn man nach langer Anreise (eine Stunde später war die A 24 in Richtung Hamburg total gesperrt!) eine erste Runde um den Platz laufen kann. Man trifft, freut und begrüßt sich, und wenn das Wetter mitspielt, kann man sogar am Abend noch Fotos schießen, wie an den beiden folgenden Tagen nicht mehr: das nördliche Licht ist perfekt, und es

HN 2 Acker-Bulldog D 7500, Baujahr 1935

steht niemand im Weg. (Mitunter lohnt, aber das darf man eigentlich gar nicht laut sagen, auch schon ein Gang über den Flohmarkt.)

Da stand also, im Innenring, neben dem schönen 35er von Hinnerk Kiel, die Überraschung Nr. 1: ein HN 2 Acker-Bulldog (D 7500) von 1935, weder durch Luftbereifung verdorben noch durch sechs eilige Gänge, sondern mit selten anzutreffender Sorgfalt und Liebe zum Original-Detail restauriert – eine Augenweide. Das es so etwas noch gibt! Immer wieder umkreiste ich diesen Schatz und dachte mir, daß Hinnerk wohl doch noch einmal zugeschlagen haben mußte (irgendwann hatte er mal anklingen lassen, daß er doch eigentlich alles hätte, was er wolle, und sogar einen wunderschönen D 3506 hatte er weggegeben!)

Es stellte sich dann aber heraus, daß Cousin Hermann Rave der Besitzer dieses Juwels war. In seiner liebenswerten, bescheidenen Art erzählte Hermann mir, daß er diesen Acker-Bulldog schon einige Jahre fertig stehen hatte und ihn eigentlich gar nicht mitbringen wollte, denn der sei doch eigentlich gar nichts Besonderes. Hermann, Du alter Tiefstapler: mit diesem Bulldog hast Du Dir die Fritz-Huber-Gedächtnismedaille verdient! Gar nichts zu kritisieren? Nun: so attraktiv die Holzlenkräder auch sind – auf einen Acker-Bulldog gehört ein Lenkrad aus Aluminium.

Im weiteren Verlauf des Abends liefen dann zwei Gespanne im Fahrerlager ein, die zunächst schon rein optisch sensationell waren. Zwei vierziger Volldiesel in besterhaltenem Zustand als Zugmaschinen (Fluchen der Fahrer, daß diese Dinger so elend langsam seien), hinter dem einen dann, auf dem Hänger, ein Groß- oder Verdampfer-Bulldog HR 2 – aber was für einer!

Mit jedem Zentimeter, den er über die Alu-Schienen dem sicheren Brokstedter Boden näher

Groß-Bulldog HR 2 aus der ersten Bauserie

kam, wurden die Augen größer und die Ohren weiter. Wenn es jemals gestimmt hat, daß ein Bulldog „wie ein Uhrwerk" lief: hier war er. Das sollte zwei Tage lang so bleiben. Wann immer dieser Verdampfer aus der ersten Serie (Schlepper-Nr. 45.434, Baujahr 1926) Töne von sich gab, tat er es in dieser selten gehörten und erlebten Art und Weise.

Auch diese Maschine befindet sich in einem einmaligen Originalzustand und hat nie eine Restaurierung über sich ergehen lassen müssen. Sie trägt die Spuren ihres langen Arbeitslebens (dazu gehören auch die irgendwann einmal spendierten Acker-Luftreifen) mit Würde, ist gleichmäßig rostgebräunt und auf sorgfältigste Weise von Niko Rohde konserviert worden. Das sind so Gelegenheiten, bei denen man zu träumen beginnt... Gut: ein kleines Detail könnte man vielleicht verbessern, zumal das ohne großen Aufwand möglich wäre – der Deckel der rechten Schwungradverkleidung ist irgendwann einmal ersetzt worden, er entspricht nicht dem Original, das ja erhältlich ist.

Nun ist ja eigentlich der HR 2 nicht unbedingt die Seltenheit in Person. Nikos Exemplar jedoch fällt völlig aus dem Rahmen des Gewohnten. Erstens gehört es tatsächlich in die erste, auf dem neuen, in der deutschen Industrie epochemachenden Fließband gefertigte Serie, noch mit der Leistungsangabe „22 PS" auf dem Messing-Typenschild. (Erst um die Jahreswende 1927/28 erfolgte die Umstellung auf die „doppelte" Leistungsangabe 22/28 PS, die besagt: 22 PS Dauerleistung, 28 PS Kurzleistung über eine Stunde.)

Zweitens besitzt dieser Bulldog rechtsseitig am Wasserkasten Anschlüsse für die nachträgliche Umrüstung auf eine Umlaufkühlung – und ist damit das zweite, mir bekannte Exemplar dieser Art nach demjenigen im Museum Sinsheim. Diese Umbauten wurden sowohl im Mannheimer Werk als auch in den großen Niederlassungen vorgenommen, weil der Wasserverbrauch des Verdampfers zu hoch war.

Drittens schließlich, und das war nun der Höhepunkt schlechthin, verfügte er über die Legende gewordene Vorrichtung zur Dampfeinspritzung! Die Sache funktionierte folgendermaßen: lief der Motor über längere Zeit unter Höchstlast (typischerweise beim Dreschen oder bei schwerster Pflugarbeit rund um die Uhr), konnte er zu klopfen beginnen. Im Verbrennungsraum war die Temperatur zu hoch geworden. Auf der Rückseite des Wasserkastens, vom Fahrersitz aus bequem zu erreichen, befand sich ein

Was das Typenschild verrät

Im Mittelpunkt: das „Dampfrad"

Handrad, mit dem dann ein Ventil geöffnet werden konnte, durch das Dampf vom Wasserkasten ins Kurbelgehäuse gelangte. Mit der Ansaugluft wurde dieser Dampf in den Zündsack befördert, wo er für Abkühlung sorgte. Dabei bestand die Gefahr, daß Kondenswasser, das sich im Innern des Kurbelgehäuses bildete, von der Rückholpumpe in den Öltank befördert wurde und dort das Schmieröl verdünnte. Deshalb mußte immer dann, wenn von der Dampfeinspritzung Gebrauch gemacht wurde, ein Ablauf unter dem Kurbelgehäuse geöffnet werden, durch den das sich absetzende Wasser ablaufen konnte.

LANZ
HEINRICH LANZ A.-G.
D.L.G.
33. WANDERAUSSTELLUNG
DORTMUND 1927

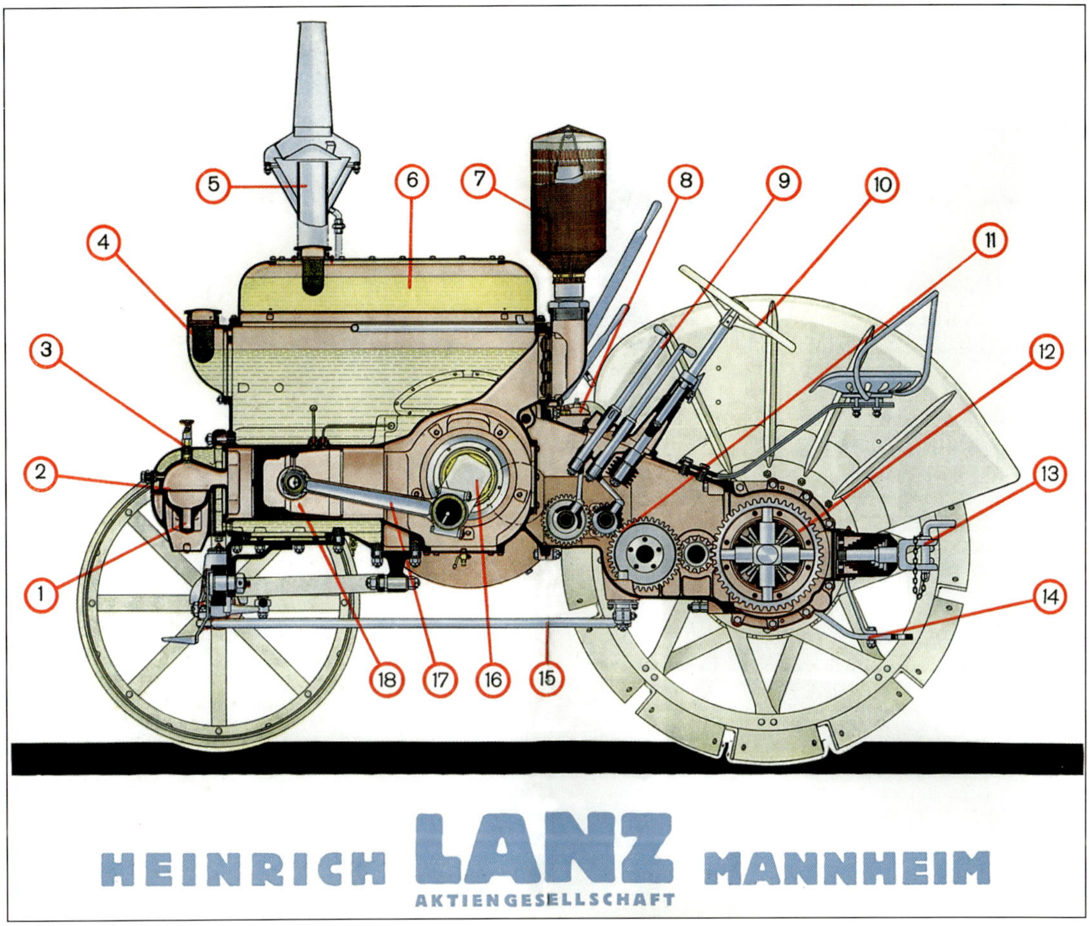

1 Zündkopf
2 Zylinderkopf
3 Regulierdüse
4 Wassereinfüllstutzen zum Kühlwasserraum
5 Auspuffleitung mit Schalldämpfer
6 Brennstoffbehälter
7 Filter der Ansaugeluft
8 Zentralschmierapparat
9 Schalthebel zum Getriebe
10 Lenkrad
11 Ganggetriebe
12 Ausgleichgetriebe
13 Anhängevorrichtung für Transportzwecke
14 Anhängebügel für Ackergeräte
15 Steuerstange
16 Kurbelwelle
17 Pleuelstange
18 Kolben

Großbulldog mit Zweischarpflug

Großbulldog beim Holzschleppen

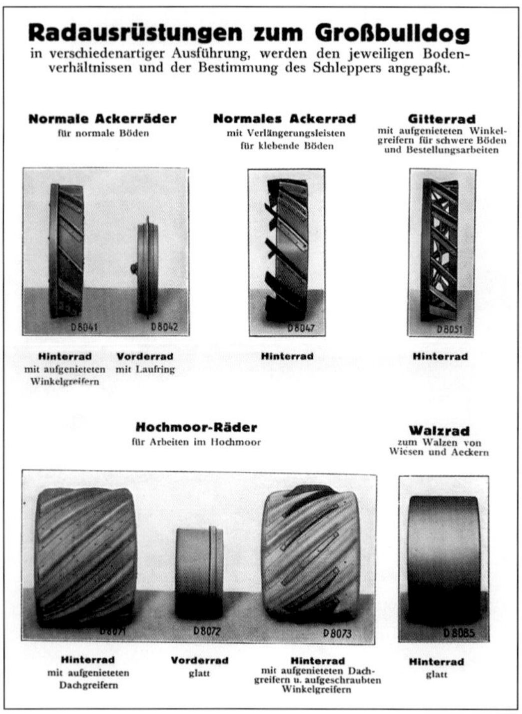

Radausrüstungen zum Großbulldog

in verschiedenartiger Ausführung, werden den jeweiligen Boden-verhältnissen und der Bestimmung des Schleppers angepaßt.

Normale Ackerräder
für normale Böden

Hinterrad
mit aufgenieteten Winkelgreifern

Vorderrad
mit Laufring

Normales Ackerrad
mit Verlängerungsleisten für klebende Böden

Hinterrad

Gitterrad
mit aufgenieteten Winkelgreifern für schwere Böden und Bestellungsarbeiten

Hinterrad

Hochmoor-Räder
für Arbeiten im Hochmoor

Hinterrad
mit aufgenieteten Dachgreifern

Vorderrad
glatt

Hinterrad
mit aufgenieteten Dachgreifern u. aufgeschraubten Winkelgreifern

Walzrad
zum Walzen von Wiesen und Aeckern

Hinterrad
glatt

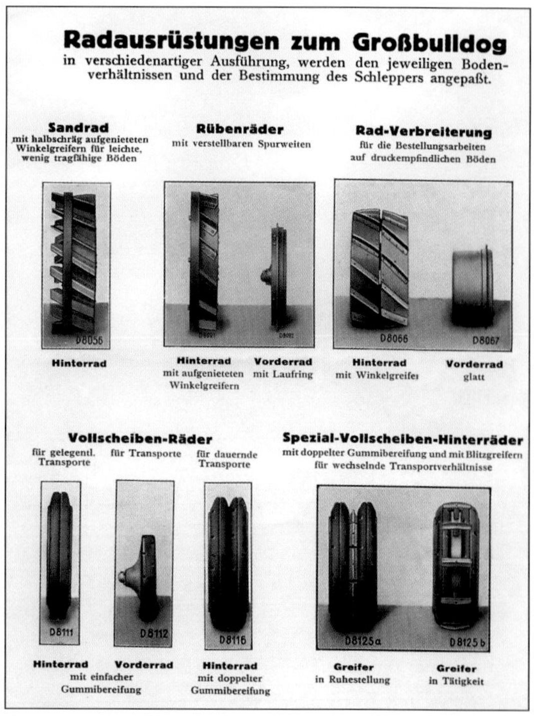

Radausrüstungen zum Großbulldog

in verschiedenartiger Ausführung, werden den jeweiligen Boden-verhältnissen und der Bestimmung des Schleppers angepaßt.

Sandrad
mit halbschräg aufgenieteten Winkelgreifern für leichte, wenig tragfähige Böden

Hinterrad

Rübenräder
mit verstellbaren Spurweiten

Hinterrad
mit aufgenieteten Winkelgreifern

Vorderrad
mit Laufring

Rad-Verbreiterung
für die Bestellungsarbeiten auf druckempfindlichen Böden

Hinterrad
mit Winkelgreifer

Vorderrad
glatt

Vollscheiben-Räder
für gelegentl. Transporte / für Transporte / für dauernde Transporte

Hinterrad
mit einfacher Gummibereifung

Vorderrad

Hinterrad
mit doppelter Gummibereifung

Spezial-Vollscheiben-Hinterräder
mit doppelter Gummibereifung und mit Blitzgreifern für wechselnde Transportverhältnisse

Greifer
in Ruhestellung

Greifer
in Tätigkeit

Großbulldog in Verkehrsausrüstung mit Dach, Sandstreuer und elektrischer Beleuchtung

Großbulldog in Ackerausrüstung

Großbulldog mit elektrischer Anlaßzündung

Großbulldog in Moorausrüstung

Großbulldog mit Zapfwellenantrieb

Die Sache brauchte „ein Händchen", wie man so sagt, sollten nicht schwerste Motorschäden entstehen. Über dieses Händchen verfügten nur wenige Bulldog-Fahrer. Obwohl mit der Dampfeinspritzung sogar eine Leistungssteigerung einherging, entschloß man sich in Mannheim bald, die Vorrichtung auszubauen, weil die Schäden überhand nahmen.

Der Bulldog von Niko Rohde gehört somit zu den seltensten Lanz-Schleppern überhaupt.

Diese beiden, HN 2 Acker- und HR 2 Groß-Bulldog, waren als Auftakt zu dem eigentlichen Festtag schon einmal schlicht rekordverdächtig. Dabei sollte es aber nicht bleiben.

Zunächst erschienen am Morgen des Himmelfahrtstages die Rombach-Brüder mit ihrem mittlerweile bekannten, rostbraunen 55-PS-Eil-Bulldog, einem der schönsten Exemplare seiner Gattung. Nicht restauriert, sondern repariert, mit Original-Teilen komplettiert, konserviert und technisch in Bestzustand versetzt, setzt dieser Eil-Bulldog einen Maßstab.

Das war aber noch nicht alles. Die Rombachs treten ja in der Regel nicht nur mit einer Maschine auf. Im Ring stand die zweite, und noch einmal wiederholte sich das Dreimal-Hinschauen-Müssen: ein 38-PS-Verkehrs-Bulldog aus der Kühler-Bulldog-Generation, also ein HR 6 oder vielleicht ein HR 5 c, typischerweise in konserviertem Orignal-Zustand: nach dem HR 2 von Niko Rohde die zweite, vielleicht wirklich einmalige technische Delikatesse. Dieser Verkehrs-Bulldog (kein Eil-Bulldog, bitte schön!) besaß nämlich die doppelten Einspritzpumpen, Kraftstoffleitungen und -düsen am Zylinderkopf, die man für das Anlassen mit Benzin benötigte, bevor es den Dreiwegehahn gab! Lanz führte dieses Detail beim Groß-Bulldog HR 2 ein, der dann jedoch an der rechten Seite, oberhalb des Schwungrads, noch einen separaten Benzintank besaß.

38-PS-Verkehrs-Bulldog mit doppelter Einspritz-Anlage

Doppelte Einspritz-Anlage zum Anlassen mit Benzin

Beim Kühler-Bulldog war die Sache anders gelöst. Hier befindet sich der Benzintank über demjenigen für Diesel. Zur kompletten Ausrüstung für das Anlassen mit Benzin gehörten Batterie, eine zahnradangetriebene Lichtmaschine an der rechten Seite (beim HR 2 noch mit Kettenantrieb) und Zündkerze, ferner besaßen diese Maschinen in der Regel einen mittig vor dem Steigrohr angebrachten Scheinwerfer, Rücklicht usw.

Die Einspritzpumpe für das Benzin spritzte bei OT ein, die Dieselpumpe dagegen beim Vorgehen des Kolbens. Die Düse für Benzin war etwas kleiner als jene für Diesel. Bei eingeschalteter Zündkerze wurde gestartet, war dann der Zündsack rotglühend, wurde der Benzinhahn geschlossen, der für Diesel geöffnet und die Zündkerze ausgeschaltet.

Dieser Verkehrs-Bulldog, das ist inzwischen klar, hatte die Zusatzausrüstung für den Benzinstart nicht immer. Aber was macht das schon? Hier ist mit Originalteilen ein authentischer Zustand geschaffen worden – dieser Typ hätte so ausgerüstet sein können, und das ist ausschlaggebend.

Schließlich noch zwei enge Verwandte der Mannheimer Glühköpfe. Ein seltener Gast aus Italien war der Landini L 25, optisch und technisch in hervorragendem Zustand, nicht restauriert und als „Sahnehäubchen" mit einem Original-Seitenmähwerk ausgerüstet – im Gegensatz zu unseren Bulldogs ist der Landini ein Rechtsträger. Zickig im Anspringen, aber wenn er lief, lief er astrein mit etwas höherer Drehzahl als ein 25er Bulldog.

Ein großer Bruder kam aus Polen, da wird man denken, das sei ja nun wirklich nichts Besonderes. Ist es aber doch: erstens werden die meisten Ursus hierzulande gnadenlos verstümmelt und auf Lanz gequält, und zweitens befand sich dieser C 451, also ein

In dieser Ausführung, mit separatem Behälter für Anlaß-Benzin, erstmals beim HR 2

Exemplar der Baureihe von 1956 bis 1965, von der ersten bis zur letzten Schraube im Originalzustand – auch so etwas habe ich noch nicht gesehen und danke dem mir leider unbekannten Besitzer für die Erhaltung dieser schönen Maschine.

Jeder weiß, daß die Großveranstaltung Brokstedt mehrere Seiten hat, u.a. auch eine solche, die man als erdrückend empfinden kann, als zu statisch und leblos. Aber der LBCH arbeitet daran, die Attraktivität des Traditions-Treffens zu steigern. Vielleicht wäre es eine gute Idee, ein bißchen Platz im Stadion zu reservieren für solche seltenen Maschinen, die im großen Gedränge ein bißchen verloren herumstehen, wo ihnen doch eigentlich ein Platz auf dem Treppchen gebührt. Klar: ein D 2539 hat das nicht nötig, aber die anderen, denen ich diese Zeilen gewidmet habe? Ich dächte doch wohl ja.

Bauernschlepper aus der Po-Ebene: Landini L 25 von 1954

Perfekt bis ins letzte Detail: Ursus C 451

Mähdrescher mit „Schlepper-Fahrgestell"

von Rudi Heppe

Mit der Entwicklung des Mähdreschers ist es erstmals in der Getreideernte möglich, alle Erntearbeiten in einem Arbeitsgang zu bündeln. Die Vorteile liegen auf der Hand: Einsparung der mühevollen Handarbeit, Beschleunigung der Ernte und Minderung des Körnerverlustes.

Eine Vorreiterrolle in Europa spielte die Firma Claas in Harsewinkel. Die Entwicklung beginnt in den dreißiger Jahren mit einem gezogenen Mähdrescher. Der erste selbstfahrende Mähdrescher wird 1953 mit dem Namen „S.F." vorgestellt.

Die Vorteile des Selbstfahrsystems zu Beginn der fünfziger Jahre: Frontschnitt, große Wendigkeit, gute Anpassung der Fahrgeschwindigkeit an die jeweiligen Verhältnisse. Mit dem Einsatz des Selbstfahrers entfällt das bei dem gezogenen Mähdrescher erforderliche Handanmähen der Felder. Ein Vorteil, der besonders bei den kleinen Schlägen wertvolle Zeit einspart. Der gezogene Mähdrescher ist in der Anschaffung billiger, benötigt aber einen geeigneten Schlepper mit ausreichender Motorkraft für den Zug.

Der selbstfahrende Mähdrescher hat Motor, Getriebe, Differential, Bremsen, Lenkung, Lichtanlage, Batterie, Bereifung und Hydraulik. Eine aufwendige Technik, die nur während einer geringen Einsatzdauer von 20 bis 30 Tagen im Jahr benötigt wird. Hinzu kommt, daß auch ein stillstehender Mähdrescher ständiger Pflege von Motor und Batterie bedarf.

In Harsewinkel stellt man 1955 Überlegungen an, einen Mähdrescher zu entwickeln, der auf einem Schlepperfahrgestell aufgesattelt wird. Das Produkt dieser Entwicklung wird auf der 44. DLG-Ausstellung in Hannover im September 1956 vorgestellt: der Selbstfahrer mit dem Namen „Huckepack", bei dem es erstmals möglich ist, das Fahrgestell von der Dreschmaschine zu trennen. Das Fahrgestell kann außerhalb der Erntezeit als Schlepper bzw. Geräteträger verwendet werden. Eine „bisher unbekannte wirtschaftliche Ausnutzung des investierten Maschinenkapitals" – wenn man der Werbung glauben kann.

Der „Huckepack"-Mähdrescher besteht aus einem separaten Fahrwerk und Dreschwerk. Dieses ist ausgestattet mit einem hydraulisch verstellbaren Frontschneidwerk mit einer Schnittbreite von 1800 mm. Zudem besitzt die Maschine alle aus dem

Claas „Huckepack" im Einsatz

CLAAS-„HUCKEPACK"

— ein neuer CLAAS-Patent-Selbstfahrer für den bäuerlichen Betrieb. Der „Huckepack" ist ein Mähdrescher langjährig bewährter CLAAS-Bauart mit Lagerfrucht-Mäheinrichtung am hydraulisch verstellbaren Frontschneidwerk, mit breiten, leistungsfähigen Dreschorganen, langem, dreiteiligem Hordenschüttler, großflächiger Reinigung, Sortierung in drei Sorten und angebauter CLAAS-Schwingkolben-Strohpresse.

Unabhängig vom Fahrwerk, das ein luftgekühlter Dieselmotor antreibt, wird das Dreschwerk durch einen VW-Industrie-Motor betrieben.

Was unterscheidet den CLAAS-„Huckepack" von allen Selbstfahrern!

Mähdreschergehäuse und Fahrgestell lassen sich auf besondere Art leicht voneinander trennen! Das Fahrgestell arbeitet außerhalb der Erntezeit als ...

TECHNISCHE DATEN:

Dreschwerk:

Motor	VW-Industrie-Motor
Schneidwerk	6 Fuß = 1,80 m Schnittbreite; Schneidwerk und gesteuerter Federzinken-Pick-Up-Haspel hydraulisch verstellbar; 12 Ährenheber serienmäßig mitgeliefert
Dreschtrommel	450 mm Ø, 800 mm breit, 6 Schlagleisten; Drehzahl verstellbar von 890—1380 U/min
Schüttler	3teiliger Hordenschüttler
Reinigung	1. kombinierte Druckwind- und Siebreinigung mit Lamellensieb und auswechselbarem Untersieb; 2. Sortierzylinder mit Wechselsieben, Sortierung in drei Sorten
Strohpresse	eingebaute Schwingkolben-Strohpresse, einmal bindend; mit Patent-Ballenbremse als Überlastungsschutz; Bundgröße beliebig einstellbar
Maße	in Arbeitsstellung: Länge 8,70 m, Breite 2,60 m, Höhe 2,70 m; in Transportstellung: Länge 6,50 m, Breite 2,20 m, Höhe 2,70 m
Leistung	im Mähdrusch je nach Fruchtart und Bestand bis 20 dz = 2000 kg

Fahrwerk:

Motor	luftgekühlter 4-Takt-Dieselmotor
Getriebe	5 Vorwärtsgänge, 1 Rückwärtsgang — durch Wendegetriebe umschaltbar auf beide Fahrtrichtungen — Vorfahrt als Mähdrescher 1,4—15,2 km/st, Rückwärtsgang 3,1 km/st — Vorfahrt als Geräteträger 1,7—18,1 km/st, Rückwärtsgang 3,7 km/st (Geschwindigkeiten gelten für Motor-Enddrehzahl) — Normzapfwelle und wegabhängige Zapfwelle — Differentialsperre — Einzelradbremse
Bereifung	Lenkachse 5,50—16 Triebachse 9,00—24 AS
Spurweite	Lenk- und Triebachse verstellbar von 1250—1875 mm

Patente im In- und Ausland angemeldet

Technische Angaben, Maße und Gewichte sind unverbindlich
Konstruktionsänderungen vorbehalten

... SCHLEPPER UND GERÄTETRÄGER

Durch diese zusätzliche Ausnutzung des Fahrgestells bietet der CLAAS-„Huckepack" eine bei selbstfahrenden Mähdreschern bisher unbekannte wirtschaftliche Ausnutzung des investierten Maschinenkapitals.

Das zweiholmige Fahrgestell weist alle Merkmale eines modernen Schleppers bzw. Geräteträgers auf. Am Tragrahmen zwischen den Achsen lassen sich die gebräuchlichen Tragschleppergeräte montieren und hydraulisch betätigen. Zudem ist hinter der Triebachse eine Dreipunkt-Hydraulik vorhanden; sie gestattet die Benutzung aller genormten Dreipunktgeräte für Schlepper gleicher Größenklassen. Dem gut abgestuften 5-Gang-Getriebe ist ein Wendegetriebe vorgeschaltet, das die Ausnutzung sämtlicher Gänge in beiden Fahrtrichtungen erlaubt.

GEBR. CLAAS · MASCHINENFABRIK GMBH · HARSEWINKEL i. W. · TEL. 341 (Sa.-Nr.)

Druck: E. Holterdorf, Oelde i. W — AHL. I. DL.

bewährten Selbstfahrer „S.F." bekannten Bauelemente: hydraulisch verstellbare Pick-Up-Haspel, Zwangseinzug durch gesteuerte Einlegewalze und Kettenschrägförderer. Weitere bemerkenswerte Kennzeichen sind ein leistungsfähiges Dreschorgan mit Momentkorbverstellung, langer dreiteiliger Hordenschüttler, großflächige Reinigung, Getreidesortierung in drei Qualitäten und eine Schwingkolben-Strohpresse. Das Dreschwerk, das unabhängig vom Fahrgestell ist, treibt ein 25 PS starker VW-Industriemotor an. Der luftgekühlte Vierzylinder-Motor wird im Gegensatz zum Fahrwerksmotor mit Benzin betrieben.

Das Fahrwerk des Claas „Huckepack" ist als zweiholmiger Geräteträger ausgelegt. Als Kraftquelle dient ein luftgekühlter Einzylinder-Diesel von Hatz mit 12 PS Leistung. Dem Fünf-Gang-Getriebe mit einem Rückwärtsgang ist ein Wendegtriebe vorgeschaltet. Auf beide Fahrtrichtungen umschaltbar, ermöglicht es als Vorfahrt im Mähdreschereinsatz Fahrgeschwindigkeiten von 1,4 bis 15,2 km/h. Im Rückwärtsgang sind beim Mähen maximal 3,1 km/h möglich. Wird das Fahrgestell als Geräteträger außerhalb der Getreideernte eingesetzt, sind bei der Vorfahrt Geschwindigkeiten von 1,7 bis 18,1 km/h möglich. Beim Rückwärtsgang beträgt die maximale Geschwindigkeit 3,7 km/h.

Eine Normzapfwelle und eine wegeabhängige Zapfwelle sind ebenso Standard wie Differentialsperre und Einzelradbremse. Die Spurweite der Lenk- und Triebachse kann zwischen 1250 und 1875 mm verstellt werden. Wie bei Geräteträgern üblich, können am Tragrahmen zwischen den Achsen Anbaugeräte montiert werden, die hydraulisch betätigt werden. Der Anbauraum hinter der Triebachse verfügt über eine genormte Dreipunkthydraulik.

Die „Trennung" von Dreschwerk und Fahrgestell nach der Ernte soll nach Werksangaben „von zwei Mann (ohne Kran und Flaschenzug) innerhalb von dreißig Minuten erledigt werden können". Als erster Arbeitsschritt erfolgt der Abbau des Mähwerkes. Anschließend wird ein Absetzbock an der Presse unterbaut. Vorne rechts wird eine Winde angesetzt und der Dreschsatz hochgewunden. Den zweiten Absetz-bock baut man unter den Dreschsatz. Nachdem zwei Verbindungsschrauben aus dem Rahmen herausgenommen sind, wird der Dreschsatz seitlich aus dem Fahrgestellrahmen herausgeschoben. Der Schalthebel am Wendegetriebe wird umgelegt, Hubarme, Kupplungsmaul und Ackerschiene werden montiert.

Es folgen Kotflügel mit Beifahrersitz und ein Abdeckblech für den Motor. Zum Schluß setzt man den Fahrersitz um. Jetzt ist die Nutzung des Allzweckfahrzeuges als Transport- und Zugmaschine, oder der Einsatz bei Bestell- und Pflegearbeiten mit dem „Huckepack" für die übrige Zeit des Jahres möglich.

In der Zeit von 1957 bis 1960 wird der „Huckepack" in Harsewinkel produziert. In dieser Zeit verlassen 894 Exemplare die Claas-Werkstore.

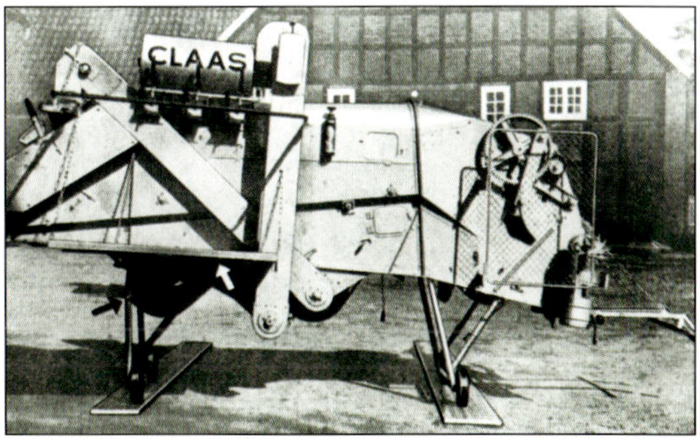

Dreschwerk des Claas „Huckepack"

Geräteträger mit Zwischenachsanbau: Claas „Huckepack"

Mehr Erfolg hat 1961 der dänische Landmaschinenfabrikant Jens Freudendahl mit der Vorstellung seines „gezogenen Selbstfahrers" mit dem Namen MS 5. Hier ist es gelungen, die Vereinigung des gezogenen Mähdreschers mit der des Selbstfahrers zu ermöglichen. In Sonderburg hat man die Lösung zum schnellen An- und Abbau des Mäh- und Dreschaggregates elegant gelöst: Der Schlepper wird in den Mähdrescher „eingefahren". Die Zugmaschine ist an der rechten Seite zwischen Schneidwerk und Korntank plaziert. Im Herstellerwerk in Sonderburg spricht man von dem „seitenmontierten JF-Prinzip".

Das Schneidwerk des „gezogenen Selbstfahrers" umfaßt die gesamte Fahrzeugbreite. Auf der rechten Seite befindet sich der Einzugskanal mit Dreschtrommel und Dreschkorb. Im Anschluß gelangt das Erntegut über einen drei Meter langen Strohschüttler. Am linken hinteren Ende hinter dem Schlepper ist der Korntank plaziert.

Der Anbau der Maschine erfolgt nach Herstellerangaben „in wenigen Minuten". Hierzu wird der Schlepper rückwärts in den Mähdrescher eingefahren. Befestigt wird der Mähdrescher an der hinteren Ackerschiene. Im Anschluß fährt man den Schlepper geringfügig weiter rückwärts, bis Schlepper und Mähdrescher parallel zueinander stehen. Der am Mähdrescher angebrachte Schwenkhebel wird mit dem vorderen Zugmaul des Schleppers verbunden. Wichtig ist die Anbringung des serienmäßig mitgelieferten Kühlerschutzes für den Schlepper, um ihn vor Staubmassen zu bewahren.

Als Kraftquelle dient dem JF-Mähdrescher der Schlepper. Übertragen wird die Kraft mittels einer Zapfwelle. Der Vorteil ist offensichtlich: im Gegensatz zum „Huckepack" kommt die Konstruktion von JF ohne Zusatzmotor aus. Dafür ist jedoch der Kraftbedarf für den Schlepper bei einer Schnittbreite von 1 500 mm mit einem Minimum von 25 PS angegeben.

Alle wichtigen Bedien- und Einstellelemente des Mähdreschers sind in Höhe des Fahrersitzes angebracht. Von seiner Position aus hat der Schlepperfahrer eine gute Übersicht über den Arbeitsbereich der Maschine. Mit seiner kompakten Bauweise erreicht der Mähdrescher als größte Höhe (ohne Schlepper) 1 850 mm. So wird das komplette Gespann für den Fahrer übersichtlich. Mit einer Gesamtlänge von 7 000 mm und einer Gesamtbreite (inkl. Schlepper) von 2 900 mm ist ein Umbau für die Straßenfahrt nicht nötig.

Ein Vorteil gegenüber der gezogenen Ausführung ist die Manövrierfähigkeit. Mähdrescher und Schlepper haben den gleichen Wenderadius. Die Werte stehen dem eines Selbstfahrers nicht nach. Das nicht notwendige Anmähen der Fläche – wie bei einem gezogenen Mähdrescher erforderlich – stellt einen Pluspunkt dar.

Claas „Huckepack“
als Geräteträger
mit Zusatzausrüstung
„Ladefläche“

Claas „Huckepack“
als Geräteträger
im Einsatz

„Gezogener Selbstfahrer" JF-Mähdrescher MS 5, 1961

JF MS 90, wichtig ist der Kühlerschutz

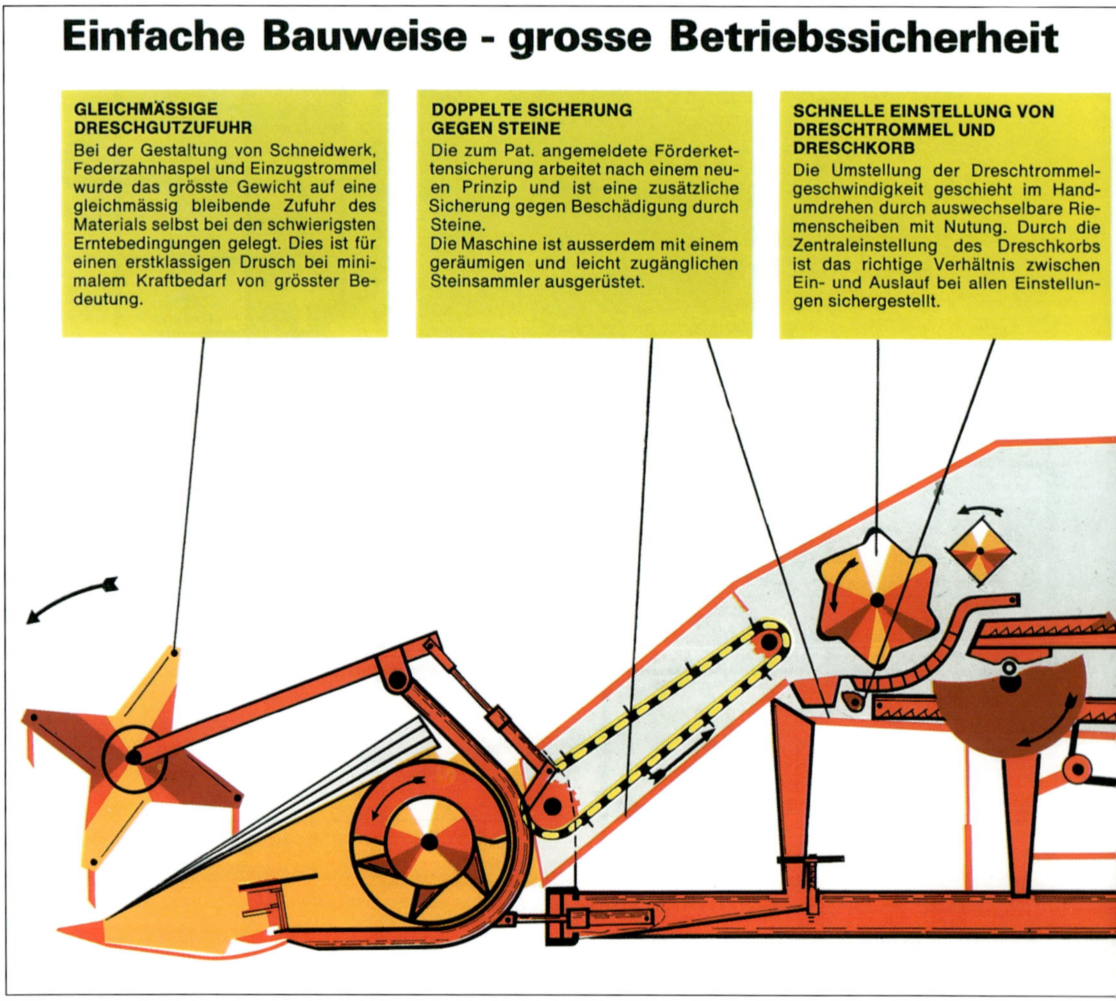

Querschnitt des JF-Mähdreschers

Gute Leistungen auch bei Hanglagen, SF-Mähdrescher

Mähdrescher 910 E im Einsatz

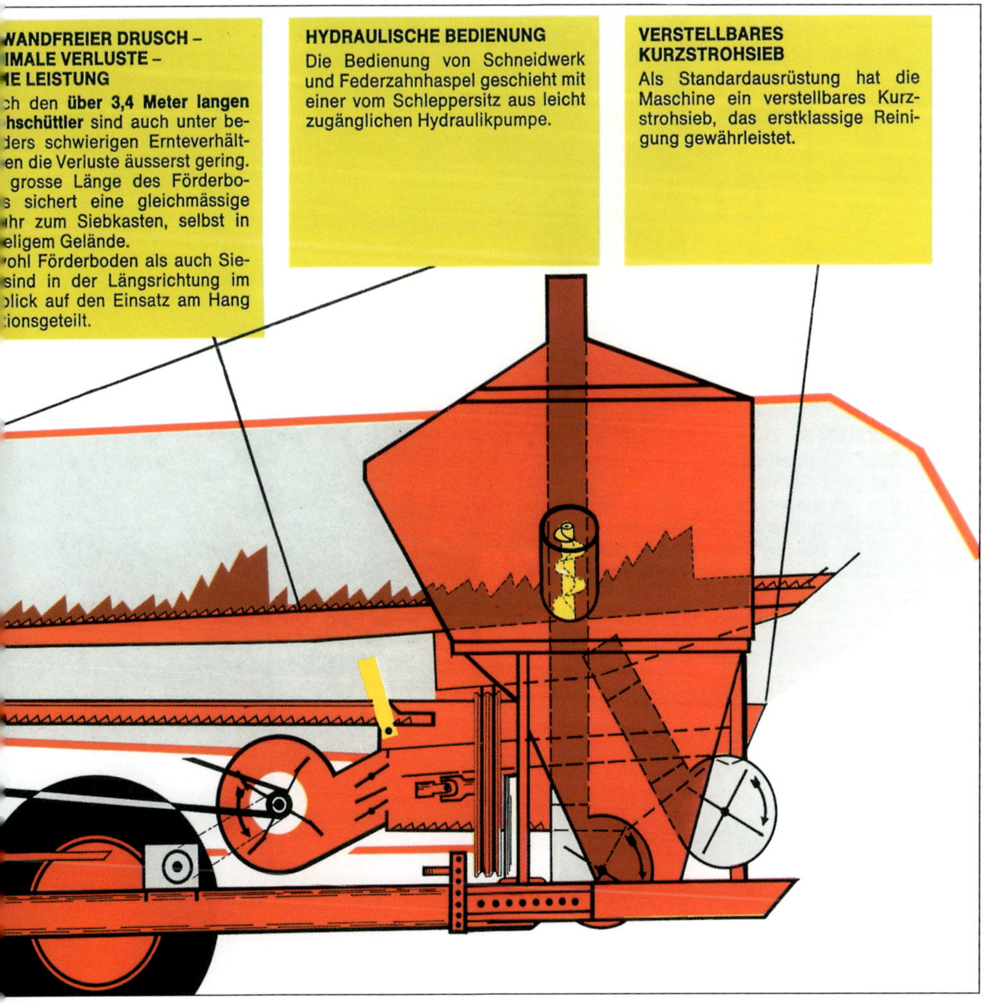

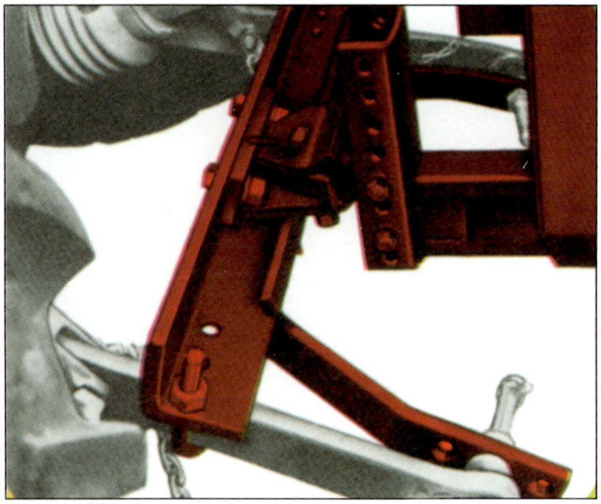

Befestigung am Heck des Schleppers

Der vordere Schwenkhebel wird am Zugmaul befestigt

Ein niedriger Schwerpunkt, die große Spurbreite und die ideale Gewichtsübertragung auf den Schlepper lassen dem JF noch eine „zufriedenstellende Arbeitsleistung" bei 25 Prozent Hanglage erreichen. Das niedrige Eigengewicht von 1 070 kg und die Ausrüstung der Maschine mit Niederdruckreifen ermöglichen auch die Arbeit auf feuchtem Boden.

Begeistert sind die Besitzer der JF-Mähdrescher von der geringen Wartung. Störungsempfindliche Teile wie Motor, Getriebe und komplizierte Transmissionen sind nicht vorhanden. Die Folge ist eine größere Betriebssicherheit. Die Instandhaltungskosten reduzieren sich auf ein Minimum. Gelobt wird die niedrige Bauweise und die gute Zugänglichkeit durch die Anbringung von „Inspektionsklappen".

Der 1961 vorgestellte Mähdrescher MS 5 wird 1965 durch den MS 70 ersetzt. Zwei Schnittbreiten stehen zur Auswahl: 1 500 oder 1 800 mm. Der Kraftbedarf wird weiterhin mit einem Minimum von 25 PS angegeben. Mit dem MS 90 ist eine Schnittbreite von 2 100 mm oder 2 400 mm möglich. Der mit einer Voll-Hydraulik ausgestattete Mähdrescher hat einen Kraftbedarf von mindestens 35 PS an der Schlepperzapfwelle. Er wiegt 1700 kg. Das Flagschiff ist der MS 105 mit 2 700 mm oder wahlweise 3 000 mm Schnittbreite. Der Kraftbedarf wird mit mindesten 50 PS angegeben. Gewachsen ist auch die Trommelbreite: bei dem MS 70 sind es 68 cm, bei dem MS 90 85 cm, und der MS 105 verfügt über 100 cm.

Der Erfolg dieses Mähdreschers ist ungebrochen: in sechs Jahren können mehr als 10 000 Einheiten abgesetzt werden. Stolz verkünden die Dänen im Jahr 1974: über 20 000 JF-Mähdrescher sind in mehr als 40 Ländern dieser Erde im Einsatz.

Eine letzte Auffrischung bekommt das Mähdrescherprogramm des dänischen Herstellers 1975: Der „MS 908E" mit einer Schnittbreite von 2 400 mm schafft im Tagesdurchschnitt vier Tonnen pro Stunde. Der Schlepper sollte an der Zapfwelle mindestens 48 PS leisten. Der MS 910 E erreicht mit einer Schnittbreite von 3 000 mm 4,5 Tonnen pro Stunde. Hier sollte die Zugmaschine über mindestens 54 PS verfügen.

Die JF-Mähdrescher sind bei ihren Besitzern beliebt. Preisgünstige Anschaffung, Zuverlässigkeit im Einsatz, geringe Wartungskosten und der Erhalt der Unabhängigkeit sind die wichtigsten Vorteile. Doch mit dem sinkenden Stand der kleinen und mittleren bäuerlichen Betriebe werden diese Maschinen immer weniger bei Ernteeinsätzen gesichtet. Bleibt nur zu hoffen das sowohl der Claas „Huckepack" als auch der JF MS Liebhaber findet, die die Maschinen vor der Schrottpresse schützen.

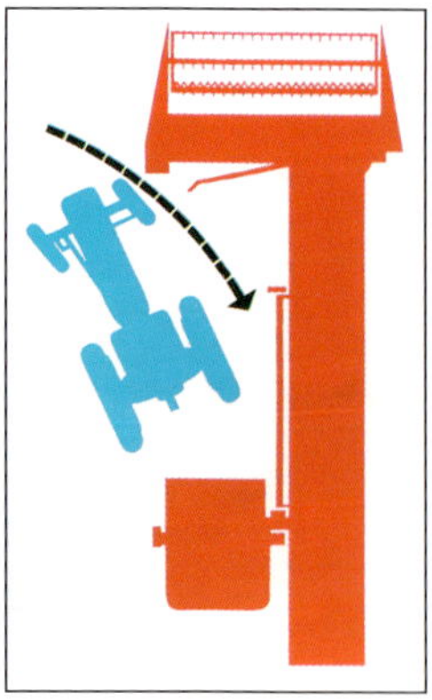

In den Mähdrescher einfahren

„Alles im Blick und gute Übersicht"

Bulldog-Dampf-Diesel

Treffen in Markkleberg

von Manfred Weisbrod

Am 7.und 8. Juli 2001 fand auf dem Gelände des Agra-Messeparkes in Markkleeberg bei Leipzig das 10. Oldtimer-Treffen unter dem Motto „Bulldog-Dampf-Diesel" statt. Man rechnete mit 500 bis 700 Teilnehmern, gekommen waren über eintausend. Veranstalter war, wie jedesmal (das Treffen findet alle zwei Jahre am ersten Juli-Wochenende statt), der Club der Lanzfreunde Sachsen e. V. Wer ist dieser Club, der die größte Schau von Lanz Bulldog und Traktoren Deutschlands initiiert?

Die Idee zur Gründung eines Lanz-Clubs hatten 1984 Horst Bärsch aus Leipzig, Erich Beyreuther und Erhard Böhme, beide aus Störmthal, anläßlich eines Familientreffens. Alle drei waren eigentlich von Kindesbeinen an dem Traktor mit dem liegenden Einzylindermotor verfallen. Der Vater von Horst Bärsch war Landwirt und betrieb nebenbei ein Lohndrusch- und Fuhrunternehmen – natürlich mit Lanz Bulldog. Erich Beyreuther ist Meister für Landmaschinen und Traktoren, betreibt seit mehr als vierzig Jahren in Störmthal eine angesehene Schlosserwerkstatt, bevorzugt für Lanz Bulldog, und hat Kunden aus ganz Deutschland. Erhard Böhme ist Gastwirt und Fuhrunternehmer, betreibt den Gasthof Störmthal, das Vereinslokal der Lanzfreunde Sachsen, und besitzt außer Lanz Bulldogs eine einmalige Sammlung fast aller in der DDR gebauten Fahrzeuge.

Die Idee zur Gründung eines Lanz-Clubs hatte den Zweck, noch irgendwo herumstehende Traktoren vor der Verschrottung zu bewahren, das Sammeln zu legalisieren und den Bestand der Öffentlichkeit zu präsentieren. Nun war es in der DDR nicht gestattet, einen privaten Club zu gründen. Es mußte ein gesellschaftspolitischer Rahmen gefunden werden, der den Club unter der Aufsicht führender SED-Genossen unter seine Fittiche nahm. Im Kulturbund der DDR hat-

Ein sehr seltenes Exemplar ist der Umbau-Eilbulldog Baujahre 1935/1955. Sein Motor wurde im Werk auf Halbdiesel umgebaut und leistet 68 PS. Besitzer ist Horst Bärsch aus Leipzig.

Das hat es noch nicht gegeben: Schlepperparade Ost ... Foto: Wolfgang Wagner

... und West anläßlich des 10jährigen Jubiläums der Lanzfreunde Sachsen Foto: Wolfgang Wagner

Der Bauernbulldog von 1935 gehört Lothar Weiske aus Threna

Der Rolls Royce unter den Lanz: Eilbulldog mit 55 PS von Erich Beyreuther aus Störmthal

Eilbulldog Cabrio mit 55 PS von Helmut Schwennecke aus Magdeburg

Lanz Bulldog mit 38 PS. Der Besitzer war von Hannover auf eigener Achse nach Markkleeberg gereist

20-PS-Lanz Bulldog (Baujahr 1939) von Peter Opitz aus Frohburg

15/30 Ackerbulldog (Baujahr 1930) von Ingo Voigtland aus Großpösna

Geräteträger RS 08 und RS 09 (rot) vom VEB Traktorenwerk Schönebeck (Elbe) aus den sechziger Jahren. Besitzer ist das Deutsche Landwirtschaftsmuseum in Markkleeberg

ten Vereine wie die Numismatiker und Philatelisten eine Bleibe und Existenzberechtigung gefunden. Staatliche Stellen waren an der Geschichte der Produktivkräfte und an Sachzeugen der Technikgeschichte interessiert. Dem Lanz-Club bot sich die Möglichkeit, sich in den Allgemeinen Deutschen Motorsport-Verband (ADMV) integrieren zu lassen, in dem alle möglichen Motorsportarten vom Straßenrennsport über den Kfz-Veteranensport bis zum Pannenhilfsdienst zusammen gefaßt waren. Günther Hausschild, Organisator des Pannenhilfsdienstes auf Autobahnen und Straßen im Leipziger Raum, bewirkte, dass der Lanz-Club als Sektion in den ADMV Leipzig-Engelsdorf aufgenommen wurde.

Auf der Gründungsversammlung am 21. März 1985 waren elf Bulldog-Freunde anwesend. Dort beschloß man, dem Verein den Namen „1. Lanz-Bulldog-Club der DDR Leipzig-Engelsdorf" zu geben. Erster Vorsitzender des Lanz-Clubs wurde Horst Bärsch aus Leipzig und ist es heute noch. Die Vereins-

Der Vorsitzende der Lanzfreunde Sachsen, Horst Bärsch, vor seinem Prunkstück, einem Eilbulldog.

Ein seltenes Exemplar ist auch die 55 PS-Lanz Bulldog-Planierraupe von 1940. Sie gehört Horst Bärsch aus Leipzig

Lanz-Raupe 38 PS in würdiger Patina

Foto: Wolfgang Wagner

Lanz D 1551, Baujahr 1939

Foto: Wolfgang Wagner

Lanz (HRK) D 1581, 55 PS, Baujahr 1942 Foto: Wolfgang Wagner

Caterpillar Twenty Two, 27 PS, Baujahr 1935 Foto: Wolfgang Wagner

fahne mit schwarz-gelb-rotem Christenkreuz, dem Club-Logo und ohne DDR-Staatswappen ist von den führenden Genossen sicher mit grimmiger Miene betrachtet worden. 1986 trat der Lanz-Club anläßlich eines Kraftfahrzeug-Veteranentreffens im Leipziger Sportforum mit vier Bulldogs erstmal vor die Öffentlichkeit und kam gut an. Ein besonderer Höhepunkt im Vereinsleben war das vom sächsischen Lanz-Club im Jahr 1990 organisierte deutsch-deutsche Schleppertreffen in Leipzig, bei dem ein kilometerlanger Traktorenkorso zum Völkerschlachtdenkmal zog.

Der Lanz Bulldog Club der Lanzfreunde Sachsen hatte 1995 bei dem zehnjährigen Bestehen 49 Mitglieder, ohne je für eine Mitgliedschaft geworben zu haben. Bedingung für den Beitritt war der Besitz eines Lanz Bulldog. Im Jahre 2001 sind es 85 Mitglieder, von denen das älteste 79, das jüngste 3 Jahre ist, der Enkel von Horst Bärsch. Club-Vorsitzender Horst Bärsch hat in seinem privaten Museum an die 20 Lanz Bulldog stehen, darunter absolute Raritäten, die wohl kein zweites Mal existieren.

Die Lanzfreunde Sachsen arbeiten seit ihrer Gründung eng und erfolgreich mit der Agra in Markkleeberg zusammen. Das Parkgelände vor den Toren Leipzigs war zu DDR-Zeiten für vier Wochen im Jahr Schauplatz der größten ostdeutschen landwirtschaftlichen Lehr- und Leistungsschau, auf der die Landmaschinen- und Traktorenindustrie ihre Exponate vorstellte, alles aus den Bereichen der Feld- und Forstwirtschaft und der Tierzucht. Die Agra gab es nach der Wende nicht mehr, der Agra-Messepark versucht das Überleben mit vielen kleinen Ausstellungen und beherbergt das Deutsche Landwirtschafts-Museum. Es gibt in Deutschland mehr als 80 Traktoren-Oldtimer-Clubs mit über 4000 Mitgliedern. Keiner dieser Clubs hat ein derart optimales Ausstellungsgelände zur Verfügung wie die Lanzfreunde Sachsen. Hier steht eine Fläche von vier bis fünf Fußballfeldern

Traktorenwerk Brandenburg KS 07 mit Vierzylinder-Viertakt-Dieselmotor mit zunächst 62 PS Foto: Wolfgang Wagner

VEB Brandenburger Traktorenwerke KS 30 „Urtrak" miit 63 PS, Baujahr 1956 Foto: Wolfgang Wagner

KS 07 mit moderner Haube aber noch starrem Kastenlaufwerk Foto: Wolfgang Wagner

Gleiskettenschlepper ZT 300-GB vom VEB Traktorenwerk Schönebeck (Elbe). Das nur in wenigen Exemplaren gebaute Versuchsfahrzeug gehört dem Deutschen Landwirtschaftsmuseum Markkleeberg

Auf Basis des ZT 323 entstand der Gleiskettenschlepper ZT 320-GB im VEB Traktorenwerk Schönebeck (Elbe). Das für die Nationale Volksarmee der DDR gelieferte Versuchsfahrzeug gehört dem Deutschen Landwirtschaftsmuseum Markkleeberg.

IFA-Raupenschlepper, wie sie im VEB Traktorenwerk Brandenburg gebaut worden sind. Sie gehören dem Deutschen Landwirtschaftsmuseum Markkleeberg.

Der leistungsfähige sowjetische Traktor K 700 KIROWEZ war in großen Stückzahlen in der Landwirtschaft der DDR im Einsatz.

H 6-Zugmaschine ("Ernst Grube" Werdau) von Henry Wolf aus Köhra

S 4000-Zugmaschine ("Ernst Grube" Werdau) von Walter Apitius aus Leipzig

Lanz Bulldog mit Raupenfahrwerk (38 PS) der Lanz-Kameraden Preußen aus Kleinschulzendorf bei Berlin

Lanz Bulldog mit 16 PS (Baujahr 1955) von Otto Wagner aus Eilenburg

zur Verfügung, die auch bei länger anhaltendem Regen nicht grundlos wird. Hier gibt es Parkflächen im Überfluß und mehr als ausreichend Stellplätze für die Zelte und Wohnwagen der Teilnehmer. Das Deutsche Landwirtschafts-Museum hat auch 2001 die Ausstellung durch seine Exponate bereichert.

Die Aktivitäten der Lanzfreunde Sachsen sind nicht auf den Freistaat beschränkt. Man ist freundschaftlich mit Vereinen aus Bayern, Baden-Württemberg, Hamburg, Schleswig-Holstein und Thüringen verbunden. Und wenn im agrarhistorischen Museum Altschwerin in Mecklenburg-Vorpommern eine Traktorenausstellung angesagt ist, fahren sächsische Lanzfreunde auch mal per Bulldog-Achse dorthin.

Wie die Ausstellung vom ersten Juli-Wochenende 2001 in Markkleeberg und auch die vorangegangenen neun Treffen zeigten, dominiert zwar der Lanz Bulldog, doch auch andere historische Traktoren und Fahrzeuge sind willkommene Exponate. So konnte man die IFA-Raupen des Brandenburger Traktorenwerkes ebenso bestaunen wie die Geräteträger RS 08 und RS 09 des VEB Traktorenwerk Schönebeck (Elbe). Die Gleiskettenfahrzeuge auf Basis des Schönebeckers ZT 300 und ZT 320, zwar nur Versuchsfahrzeuge, waren vielen Besuchern bisher unbekannt. Älteren Besuchern waren der Mobilkran T 172 aus dem Weimar-Werk und der sowjetische K 700 aus dem Kirowez-Werk ebenso vertraut wie die LKW der Typen H 3 A, S 4000 oder H 6 aus Werdau, die jahrzehntelang das Straßenbild der DDR beherrschten.

Volldiesel mit 17 PS des Baujahres 1954

Als Dr. Fritz Huber 1921 für die Heinrich Lanz AG den Traktor mit dem liegenden Einzylinder-Zweitakt-Motor entwickelte, ahnte er sicher nicht, daß 80 Jahre später rund 15 000 begeisterte Besucher in Markkleeberg an mehreren hundert dieser Traktoren vorbei ziehen würden. Für die Zeit vom 4. bis 6. Juli 2003 laden die Lanzfreunde Sachsen zum 11. Bulldog-Dampf-Diesel-Treffen ein, wobei der Schwerpunkt auf dampfgetriebenen Oldtimern liegen wird.

Privatmuseum von Horst Bärsch

Die Fahr-Traktoren F 22 und T 22

von Fahr-Schlepper-Freunde e.V.

In den dreißiger Jahren des letzten Jahrhunderts zeichnete sich immer mehr ab, daß neben den Landmaschinen künftig die Traktoren eine zwingende Notwendigkeit werden, um die Rentabilität und Produktivität der Arbeit in der Landwirtschaft nachhaltig zu steigern.

Dies galt auch für die landwirtschaftlichen Klein- und Mittelbetriebe. Die Großbetriebe hatten schon längst den Zug der Zeit durch die Einführung der Motorisierung als Ersatz für die tierischen Gespanndienste erkannt.

Naheliegend, daß man sich auch bei Fahr in Gottmadingen, seinerzeit ohnehin einer der erfolgreichsten Landmaschinenhersteller, mit dem Gedanken befaßte, die eigenen Liefer- und Fertigungsprogramme durch Traktoren zu ergänzen.

Sicherlich waren damals hierzu schwerwiegende unternehmenspolitische Entscheidungen zu treffen!

Schließlich war für die Traktorenfertigung auch ein neues Montagewerk mit den entsprechenden Produktionsmaschinen zu planen, zu finanzieren und zu bauen.

Unter der Leitung von Oberingenieur Bernhard Flerlage (später als „Dreipunkt-Papst" bekannt) befaßte sich ab dem Jahre 1937 ein Technikerteam bei Fahr in Gottmadingen mit der Entwicklung eines Traktors. Was hierbei herauskam, war im Jahr darauf ein Schlepper mit einer Leistung von 22 PS. Einer seinerzeit besonders gefragten Größe für die landwirtschaftlichen Mittelbetriebe.

Fahr-Traktor F 22

Im Oktober 1938 war es dann soweit. In den Versuchswerkstätten des Werkes Gottmadingen wurde der erste Fahr-Traktor fertiggestellt.

F 22 beim Pflügen

F 22 beim Pflügen

F 22 beim Pflügen

Die Typprüfung für den F 22 fand am 24. und 25. März 1939 in Berlin statt.

Damit war der Weg frei für die Serienproduktion von Traktoren im neuerstellten Werk Schlepperbau bei Fahr in Gottmadingen.

Der F 22 präsentierte sich nach der ersten Beschreibung im Verkaufsprospekt folgendermaßen:

- Rahmenlose Blockkonstruktion
- Deutz-Zweizylinder-Viertaktmotor F2M414 mit einer Leistung von 22 PS
- Glühkerzenanlage, für leichtes Anlassen in jeder Jahreszeit
- Wasserkühlung
- Einscheibenkupplung Fichtel & Sachs K 16 Z
- Fünfganggetriebe aus eigener Fahr-Fertigung Fahrtgeschwindigkeiten bei Gummibereifung 3,2 / 4,5 / 6,4 / 10,4 und 19,0 km/h vorwärts, sowie 3,2 km/h im Rückwärtsgang
- Bei Eisenbereifung 4,2 / 6,0 und 8,0 km/h vorwärts und 4,2 km/h rückwärts. Die Gänge 4 und 5 mußten bei Eisenbereifung gesperrt werden (Die Eisenbereifung durfte nur bei Ackerarbeiten

verwendet werden. Die heute selbstverständlichen Allzweck-Gummibereifungen gab es damals noch nicht.)

- Lenkung ZF 140 (Roß-Lenkung)
- Die bei Fahr entwickelte, mit einem mittleren Umlenkhebel ausgerüstete Vorderachse, ließ einen großen Radeinschlag zu (63 Grad kurveninneres, 39 Grad äußeres Rad). Mit Hilfe der Einzelradbremse konnte fast auf der Stelle gewendet werden
- Differentialsperre mit automatischer Ausrückung und Zapfwelle waren bereits serienmäßig im Lieferumfang enthalten
- Einzelradbremse durch Fußbetätigung
- Spurveränderung durch Umsetzen der Räder von 1270 mm auf 1446 mm
- Kombinierte Seil- bzw. Spillwinde
- Riemenscheibe 200 mm Durchmesser, serienmäßig
- Fahr-Anbau-Mähwerk
- Gefederte Anhängevorrichtung
- Ackerschiene für Anbaugeräte (eine Hydraulik gab es damals noch nicht)
- Eigengewicht 1880 kg bei Gummibereifung

F 22 beim Mähen

F 22 mit kombinierter Seil- bzw. Spillwinde

F 22 beim Mähen

T 22 mit Eisenbereifung

T 22 als Straßenzugmaschine

Fahr-Traktor T 22

Der T 22 wurde ab Ende des Jahres 1940 in Gottmadingen gebaut.

Durch eine von den zuständigen Aufsichtsbehörden verfügte Normänderung für Ackerschlepper mit einer Leistung von über 20 PS wurde ein Nachtrag erforderlich.

Dies beinhaltete diverse Änderungen an der Hinterachse, wie beispielsweise der Radbefestigung mit nunmehr acht Radbolzen. Ferner eine verstärkte Vorderachse bei der Verwendung von Eisenrädern.

Bei dieser Gelegenheit wurde die Typenbezeichnung F 22 auf T 22 umgestellt.

T 22 als Straßenzugmaschine

Eisenbereifungen

Die Fahr-Traktoren der Typen F 22 und T 22 konnten wechselweise mit Gummi- oder Eisenbereifung gefahren werden. Die Eisenbereifung kam dabei für Arbeiten auf den Ackerflächen, zum Beispiel beim Pflügen zum Einsatz.

Bei der Eisenbereifung waren die Hinterräder mit V-förmigen Stollen (Greifer) ausgestattet. Die an den

T 22 in der Getreideernte

Vorderrädern angebrachten Spurkränze dienten zur Aufnahme von Seitenkräften beim Pflügen.

Bei Straßenfahrten vom Hof zu den Ackerflächen und umgekehrt mußten bei den Hinterrädern Laufringe aufgezogen werden.

Allgemein

Insgesamt wurden von 1938 bis 1942 nachgewiesen 1619 Fahr-Traktoren der Varianten F 22 und T 22 gebaut.

Nun war es keinenfalls so, als hätte man sich im Jahre 1938 analog wie in der Fahr-Landmaschinenproduktion üblich, gleich mit voller Pulle auf den Bau von Traktoren gestürzt. Nein, dies lief ganz sachte an, und für einen Traktorneuling wie Fahr waren eine Menge Anfangsschwierigkeiten zu überwinden und Erfahrungen zu sammeln. Als dann 1939 die Sache so richtig in Schwung kam und die bei Neukonstruktionen oftmals üblichen Kinderkrankheiten behoben waren, brach am 1. Septenber dieses Jahres der Zweite Weltkrieg aus. Es kamen zwangsläufig Schwierigkeiten in der Materialbeschaffung hinzu.

Mit der im weiteren Kriegsverlauf zunehmenden Treibstoffknappheit mußte auf Anordnung der damaligen Reichsregierung zum 30. Juni 1942 die Herstellung von Traktoren mit Dieselmotoren für die Landwirtschaft drastisch eingeschränkt werden. Die im Typschein, bzw. den entsprechenden Nachträgen angegebenen Bauzeiten der Serien bei Fahr wurden immer kürzer. Für jeden Einzelfall mußte ein Nachtrag beantragt werden. Für die jeweilige Materialzuteilung mußte eine entsprechende Aufstellung erstellt werden und der Planwirtschaftsbehörde übermittelt werden.

Der letzte Einzelnachtrag VII genehmigte noch den Bau des T 22 bis zum 31. Dezember 1942. Das war das Ende dieser Fahr-Traktoren-Generation.

Noch im gleichen Jahr begann bei Fahr die Entwicklung des Traktors HG 25 mit Einheitsgenerator. Bereits im September des gleichen Jahres wurden drei dieser „Holzgaser" gebaut.

T 22 in der Getreideernte

T 22 beim Pflügen

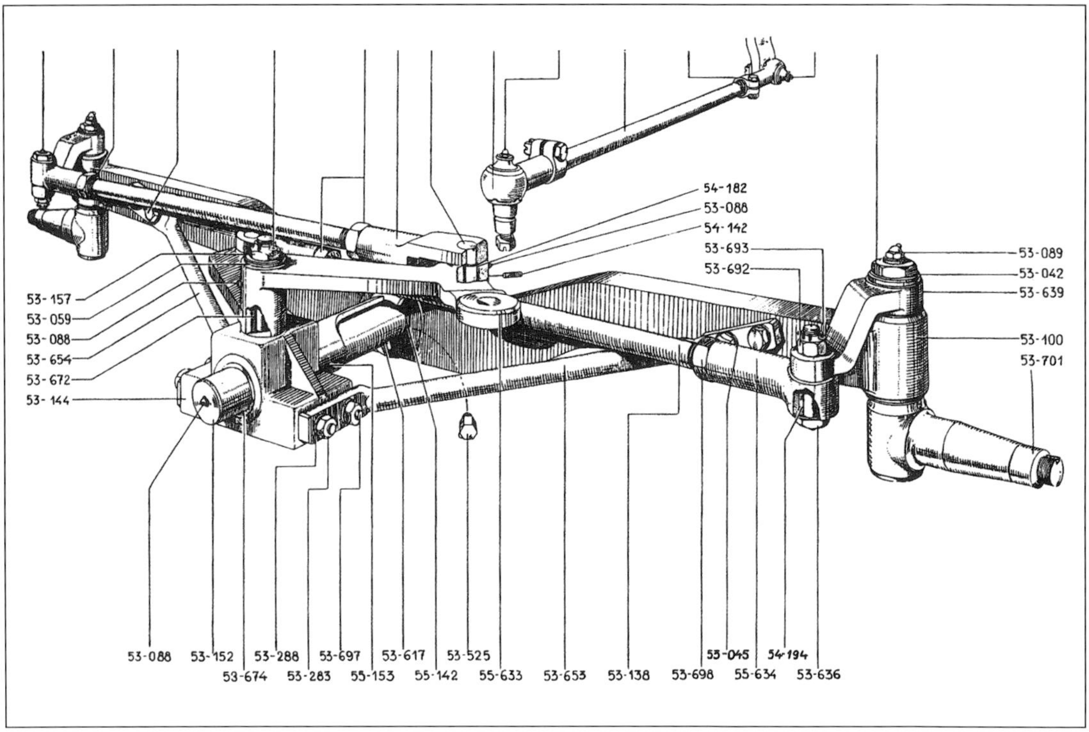

Vorderachse mit Lenkung T 22

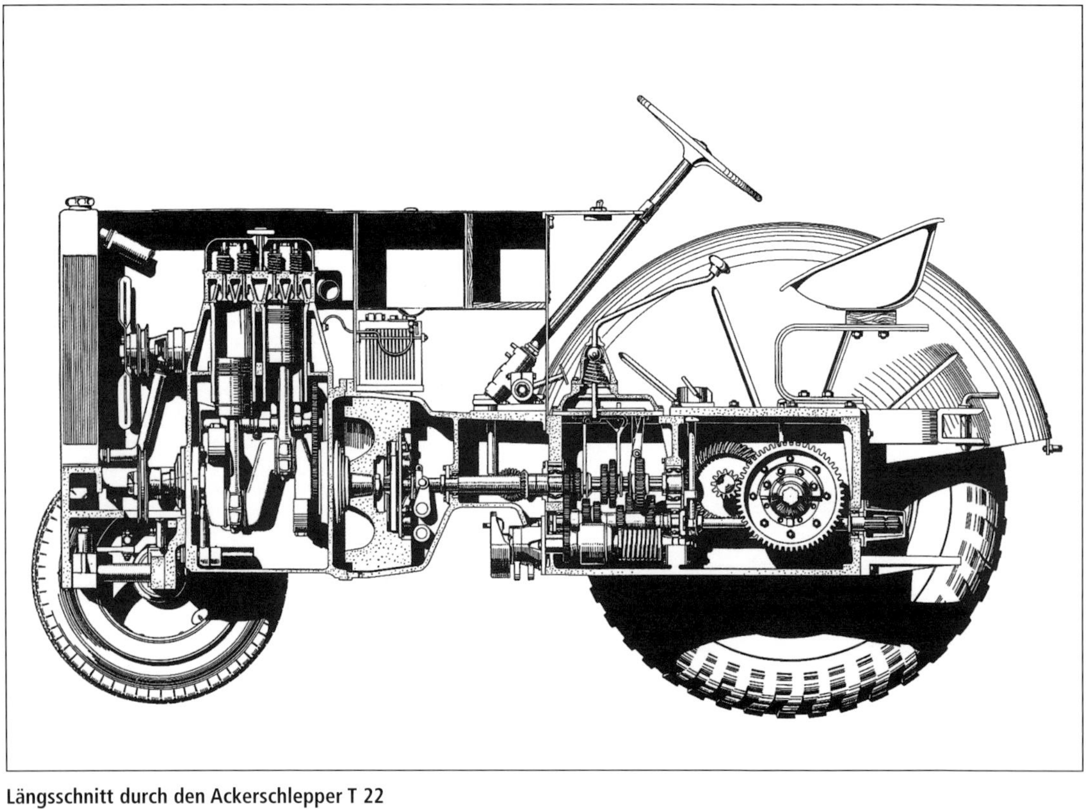

Längsschnitt durch den Ackerschlepper T 22

Der Hanomag-Transport

von Björn Röleke

Es begann alles ganz harmlos. Ich saß mit meinem Schulkollegen in der Schule und wir hatten gerade Werkunterricht. In dieser Stunde wußte ich noch nicht, was später einmal passieren würde. Wir unterhielten uns über Oldtimer, Trecker und LKWs. Irgendwie kamen wir darauf, den im familiären Betrieb noch angemeldeten Hanomag Henschel Typ 221 mit Kran restaurieren zu wollen. Nun gut, aber als wir uns das Fahrzeug näher angesehen hatten, stellten wir fest, daß dieses Vorhaben eindeutig eine Nummer zu groß für uns war.

Wenige Tage später berichtete mein Kollege, daß im sechs Kilometer entfernten Westheim noch ein Kleiner Deutz Typ D 15 N ausgemustert worden war. Nach kurzer Begutachtung stand fest: dieses Fahrzeug sollte es sein. Finanziell waren wir uns schnell einig. Kurze Zeit später holten wir unseren Oldie ab und brachten ihn in den familiären Betrieb nach Marsberg, wo auch die Restaurierung stattfinden sollte. Schnell waren alle Blechteile abgeschraubt und der kleine Deutz lag in vielen Einzelteilen vor uns. Wir schliffen, sprachtelten und lackierten, bis der Deutz wenige Wochen später in neuem Glanz erstrahlte. Die Maschine wurde frisch „getüvt" und natürlich auch angemeldet. Nun kam das erste Problem: wir waren zwei Schüler, aber es gab nur einen Trecker, der gefahren werden konnte. So dauerte es nicht lange und die ersten Differenzen waren zwischen uns. Ich überlegte mir, meinem Kollegen das, was er in die Maschine investiert hatte, zurückzuzahlen, um den Deutz allein zu besitzen. So geschah es dann auch, und ich hatte meinen eigenen Trecker.

Inzwischen hatte mein Vater ebenfalls Lust an diesem Hobby bekommen. Da er viel reiste, wußte er auch, wo er das nächste Objekt erstehen konnte. Es dauerte nur ein gutes dreiviertel Jahr, bis wir eine

Rölekes Hanomag-Transport mit den Schleppern R 25, R 16 und R 22

Der bestens restaurierte Hanomag-Henschel F 76 steht bereit...

...und von der westfälischen Kleinstadt Marsberg aus geht es zu Schleppertreffen im ganzen Land

Der Hanomag-Henschel F76 mit Tandem-Tieflader, vollgepackt mit drei Hanomag-Schleppern und alles vorbildlich restauriert: In der Tat eine erstklassige Augenweide!

Hanomag Brillant 442

Hanomag R 16

Auszug aus einem Verkaufsprospekt des Hanomag R 16

Hanomag R 27

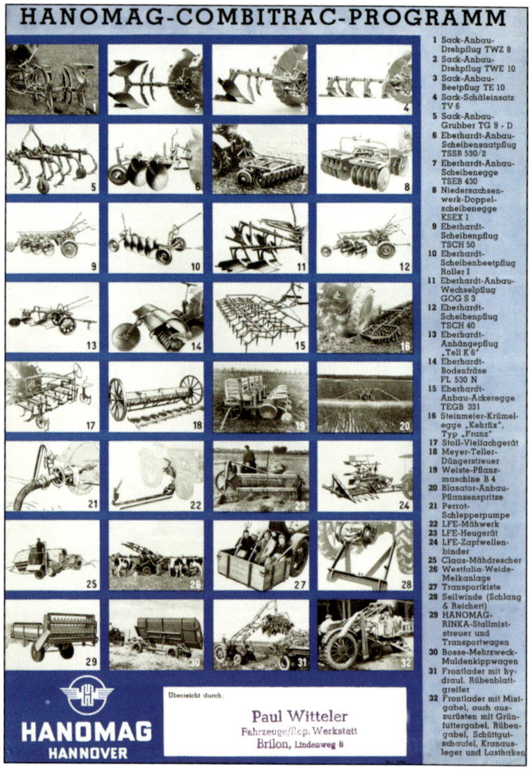

Verkaufsprospekt des Hanomag R 27

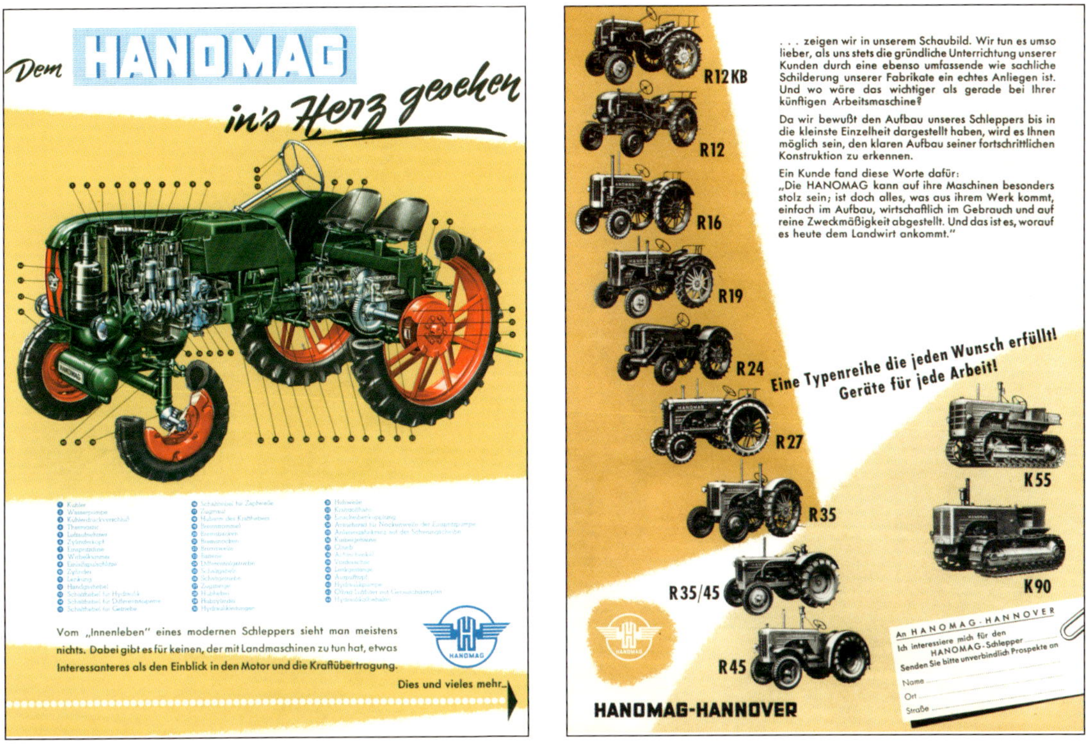

Verkaufsprospekt des Hanomag R 12

Hanomag R 12 KB

kleine Sammlung Trecker vorweisen konnten. Die Traktoren begeisterten mich so, daß ich mir noch einen 35 PS starken MAN, einen Holder, einen 12-PS-Hanomag und einen defekten Bautz zulegte. Mit der Unterstützung meines Vaters gelang es mir, den kleinen Hanomag, einen R 12 KB, zu restaurieren. Er gefiel mir noch besser als mein Deutz. So entschloß ich mich, letzteren zu verkaufen, nachdem er zwischenzeitlich einen Motorschaden aufgewiesen hatte, wahrscheinlich wegen Überbeanspruchung. Ein Hanomag Brillant R 442 wurde der perfekte Ersatz für den Deutz. Nun hatte ich schon zwei Hanomag. Ich verliebte mich immer mehr in diese Marke, so daß ich beschloß, nur noch Hanomag zu sammeln.

Ein bis zwei Jahre verstrichen, und meine Sammlung vergrößerte sich enorm. Den MAN, den Bautz und den Holder hatte ich verkauft und mir ein paar weitere Hanomags dafür zugelegt. Nun hatte ich fünf Hanomags, zu denen ein R 16, ein R 27 und ein R 12

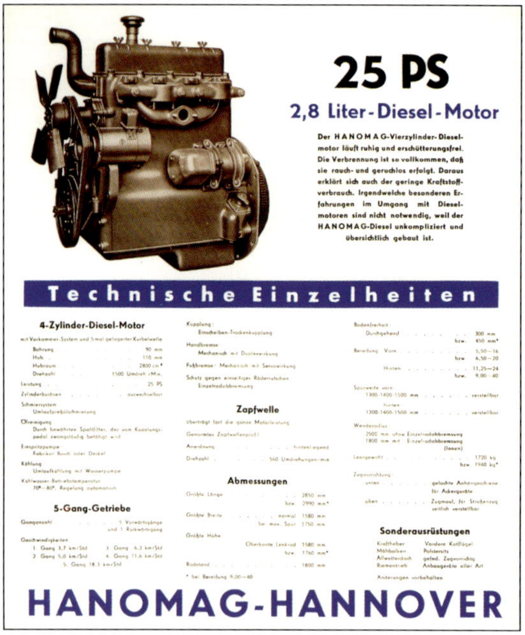

25 PS

2,8 Liter-Diesel-Motor

Der HANOMAG-Vierzylinder-Dieselmotor läuft ruhig und erschütterungsfrei. Die Verbrennung ist so vollkommen, daß sie rauch- und geruchlos erfolgt. Daraus erklärt sich auch der geringe Kraftstoffverbrauch. Irgendwelche besonderen Erfahrungen im Umgang mit Dieselmotoren sind nicht notwendig, weil der HANOMAG-Diesel unkompliziert und übersichtlich gebaut ist.

Technische Einzelheiten

4-Zylinder-Diesel-Motor

mit Vorkammer-System und 5mal gelagerter Kurbelwelle

Bohrung	90 mm
Hub	110 mm
Hubraum	2800 cm³
Drehzahl	1500 Umdreh./Min.
Leistung	25 PS
Zylinderbuchsen	auswechselbar

Schmiersystem: Umlaufpreßölschmierung

Ölreinigung: Durch bewährtes Spaltfilter, der vom Kupplungspedal zwangsläufig betätigt wird

Einspritzpumpe: Fabrikat Bosch oder Deckel

Kühlung: Umlaufkühlung mit Wasserpumpe

Kühlwasser-Betriebstemperatur: 70°–80°, Regelung automatisch

5-Gang-Getriebe

Ganganzahl: 5 Vorwärtsgänge und 1 Rückwärtsgang

Geschwindigkeiten:
1. Gang 3,7 km/Std 3. Gang 6,3 km/Std
2. Gang 5,0 km/Std 4. Gang 11,6 km/Std
5. Gang 18,3 km/Std

Kupplung: Einscheiben-Trockenkupplung

Handbremse: Mechanisch mit Duplexwirkung

Fußbremse: Mechanisch mit Servowirkung

Schutz gegen einseitiges Räderrutschen: Einzelradabbremsung

Zapfwelle

überträgt fast die ganze Motorleistung

Genormtes Zapfwellenprofil

Anordnung	hintenliegend
Drehzahl	560 Umdrehungen/min

Abmessungen

Größte Länge	2850 mm bzw. 2990 mm*
Größte Breite normal	1580 mm
bei max. Spur	1750 mm
Größte Höhe Oberkante Lenkrad	1580 mm bzw. 1760 mm*
Radstand	1800 mm

* bei Bereifung 9,00–40

Bodenfreiheit: Durchgehend	300 mm bzw. 450 mm*
Bereifung Vorn	5,50–16 bzw. 6,50–20
Hinten	11,25–24 bzw. 9,00–40
Spurweite vorn: 1300-1400-1500 mm	verstellbar
hinten: 1300-1400-1500 mm	verstellbar

Wenderadius: 2500 mm ohne Einzelradabbremsung; 1800 mm mit Einzelradabbremsung (innen)

Leergewicht	1720 kg bzw. 1940 kg*

Zugvorrichtung: unten: gelochte Anhängeschiene für Ackergeräte; oben: Zugmaul, für Straßenzug seitlich verstellbar

Sonderausrüstungen

Kraftheber	Vordere Kotflügel
Mähbalken	Polstersitz
Allwetterdach	gefed. Zugvorrichtg
Riementrieb	Anbaugeräte aller Art

Änderungen vorbehalten

HANOMAG-HANNOVER

Auszug aus einem Verkaufsprospekt des Hanomag R 25

Hanomag R 25

25 PS
R 25
R 25-C
Allzweckausführung
Bereifung:
vorn 6.50-20
hinten 9.00-40
HANOMAG
HANOMAG
R 25-D
Normalausführung
Bereifung:
vorn 5.50-16
hinten 11.25-24
HANOMAG
25 PS — 2,8 Liter-Dieselmotor
• Elektrischer Anlasser • Lichtanlage • 5-Gang-Schaltgeriebe
• Zapfwelle • Gefederte Vorderachse • Vordere Zug- und Drückvorrichtung • Rahmen für Geräte • Spurverstellbarkeit
HANOMAG

Hanomag R 22

mit Sitzbank kamen. Ich restaurierte und reparierte, was das Zeug hielt.

Da wir mit den Traktoren auch auf Ausstellungen fuhren, leider aber immer nur einen mitnehmen konnten, schaffte mein Vater einen Tandemtieflader für zwei Traktoren an, der von dem Brillant R 442 gezogen wurde. Das war gut und schön, allerdings ergab sich bald darauf die Gelegenheit, einen Hanomag R 25 aus Göttingen und zwei R 22 aus Hassfurt günstig zu erstehen. Und da wir auch mal weiter entfernt liegende Ausstellungen besuchen wollten und ich inzwischen neunzehn Jahre alt war, sprach mein Vater von einem neuen Zugfahrzeug vor den Tieflader. Wir schafften einen Hanomag Henschel F 76 mit 4,5 Tonnen Nutzlast an, der natürlich restauriert und für den Treckertransport umgebaut wurde. So kamen wir in den Besitz eines Hanomag-Transporters, auf den wir sehr stolz sind.

Inzwischen genießen wir einen guten Ruf und sind auf den verschiedenen Veranstaltungen gern gesehen. Da mit der Größe der Sammlung auch der Anspruch wächst, waren wir überglücklich, einen R 40, Baujahr 1948 zu finden, wenn auch nur in Einzelteilen. Die Restauration dieses Schleppers läßt

Das Schleppertreffen ist vorbei: Der Röleke Hanomag-Transport steht bereit zur Rückfahrt nach Marsberg

Der Hanomag AGR 38, Baujahr 1938, wartet auf seine Restaurierung

noch auf sich warten. Vor gut einem Jahr kam dann die Krönung: Ein nahe gelegenes Gut hatte noch einen Schlepper Baujahr 1938, der sich als Hanomag Typ AGR 38 herausstellte. Zu der Zeit war ich zwar nicht der Einzige, der diesen AGR haben wollte, doch zum Glück war ich der Erste, und da mein Angebot passend war, erhielt ich den Zuschlag. Nur wenige Tage später wurde der Schlepper freigegraben und abgeholt.

Heute bin ich dreiundzwanzig Jahre alt und meine Sammlung besteht aus elf Hanomag-Schleppern und sieben Henschel-LKW. Bei dem großen Aufwand, diesen Fuhrpark zu bewegen, bin ich froh, auf die tatkräftige Mithilfe meiner Familie, meiner Freundin und meiner Freunde setzten zu können, von denen so mancher von meiner Schlepperleidenschaft angesteckt worden ist.

So wurde der Hanomag AGR 38 entdeckt

Fotos: Rudi Heppe

Bärenmarke

Die Geschichte der Schlüter-Schlepper

von Klaus Tietgens

Anton Schlüter wurde 1867 in der Nähe der Stadt Brilon im Sauerland geboren und verbrachte die ersten Jahre seiner Kindheit auf dem elterlichen Gutshof. Nach dem Tod seiner Eltern kam der erst acht Jahre alte Anton zu einem Färber in Pflege. Sein Vormund veranlasste, dass er die Stadtschule besuchte und schließlich im Alter von 14 Jahren eine Ausbildung zum Mechaniker begann. Obwohl Anton Schlüter insgeheim viel lieber studiert hätte, um später einmal Pfarrer zu werden, gelang es seinem Lehrherrn dennoch, das Interesse des Jungen zu wecken. Am Ende der vierjährigen Lehrzeit war Schlüter Mechaniker, Bau- und Kunstschlosser. Daraufhin begab er sich auf Wanderschaft, um noch mehr zu lernen. So gelangte er schließlich nach Freising, wo er seine erste Anstellung als Mechaniker in einer Maschinenfabrik annahm. Schon dort hatte er laufend Ideen zur Vereinfachung der Produktion. Er heiratete Susanne Samer aus Freising und im Jahre 1888 kam sein erster Sohn zur Welt. Anton Schlüter wechselte unterdessen mehrmals den Arbeitgeber und konnte einige seiner Ideen in die Tat umsetzen. Für einen Bauunternehmer, der große Aufträge beim Eisenbahnbau und den damit verbundenen Brückenbauwerken bekommen hatte, konstruierte und baute er ein maschinelles Mörtelwerk. Dabei kam ihm die Idee zur Mechanisierung des Stein- und Kiestransportes auf der Baustelle. Mit einer alten Dampflokomobile, alten Schienen und Loren machte er sich selbständig und hätte nach nur einem Jahr einen Reinverdienst von 70 000 Mark zu verzeichnen gehabt, wenn nicht sein Auftraggeber in Konkurs geraten wäre. So ging er fast leer aus, aber immerhin hatte er noch die Lokomobile. Er kaufte einen gebrauchten Dreschkasten hinzu und zog zusammen mit einem Gehilfen als Lohndrescher übers Land. Nach einer Saison hatte er seine Finanzen einigermaßen aufgebessert. Er verkaufte den Dreschkasten und ging mit seiner Familie nach München.

Die ersten Schlüter-Schlepper DZM und DZM 15 wurden von einem liegenden Stationärmotor mit 14 bzw. 15 PS angetrieben, der seine Kraft an ein Vierganggetriebe abgab

Im Hinterhof des Hauses Weissenburger Straße 15 begann er im Jahr 1899 mit der Reparatur von Brauerei- und Druckmaschinen. Das Geschäft lief gut und nach einem Jahr beschäftigte Anton Schlüter bereits zwölf Mitarbeiter. Um Platz für eine Erweiterung der Werkstatt zu schaffen, tauschte er die auf dem Hof herumstehende Lokomobile gegen 20 kleine gebrauchte Gasmotoren, die er zu Benzinmotoren umbaute. Bald darauf bekam er die Vertretung einer sächsischen Motorenfabrik übertragen. Als diese Fabrik in finanzielle Schwierigkeiten geriet, bot man Schlüter die komplette Übernahme des Unternehmens an. Da er mit seiner Familie aber in München bleiben wollte, beschloß er, die Fertigung dorthin zu verlagern. Hierzu erwarb er Fabrikanlagen in der Balanstraße in München-Ost. Von nun an galt sein Augenmerk der Idee, Motoren selbst zu konstruieren und in eigener Regie herzustellen. Nach Aufnahme der Motorenfertigung um 1905 stieg die Zahl der Beschäftigten rasch an. Im Jahr 1908 waren es 100, zwei Jahre später bereits 210. Bald war die Einführung einer „doppelten Arbeitsschicht" notwendig. Ebenso dachte Schlüter über die Errichtung einer eigenen Eisengießerei nach. Eine solche konnte er 1911 in Freising erwerben. Er modernisierte und vergrößerte die Anlage, um dort Gußteile für die eigenen Erzeugnisse sowie für Kundenaufträge herzustellen. Ein weiteres Standbein der Freisinger Fabrik war die Fertigung landwirtschaftlicher Maschinen. Im Jahr 1914 beschäftigte Anton Schlüter in seinen beiden Werken bereits 600 Mitarbeiter und plante die Errichtung einer dritten Produktionsstätte, wo er ein Preß- und Ziehwerk einrichten wollte. Diese Fabrik entstand in den Jahren 1915 bis 1917 in Freising. Das war sozusagen das endgültige und nach 1945 auch das einzige Schlüter-Werk. Im Jahr 1917 wurde Anton Schlüter der Titel des Kommerzienrates verliehen, ein Jahr später waren im Unternehmen stolze 2000 Mitarbeiter – aufgrund der Kriegsereignisse überwiegend Frauen – tätig.

Ein Nachteil des Benzinmotors waren die hohen Treibstoffkosten. So beschäftigten sich viele Unternehmen nach dem Ersten Weltkrieg mit der Konstruktion von Motoren, die mit weitaus billigerem Rohöl zu betreiben waren. Schlüter produzierte ab 1921 Glühkopfmotoren mit Leistungen von drei bis

Nach nur 33 Exemplaren der ersten Schlüter-Schlepper DZM und DZM 15 gab Schlüter die Fertigung zugunsten modernerer Schlepper in Blockbauweise auf

Der DZM 25 mit stehendem Zweizylindermotor verschaffte sich einen festen Platz auf dem Markt und wurde von 1937 bis 1942 in mehr als 1000 Exemplaren verkauft. Neben der hier abgebildeten, sehr kompakten Ausführung wurde eine um 20 cm längere Variante angeboten

60 PS in stehender und liegender Bauart. Die nach dem Zweitaktverfahren arbeitenden Motoren stellten für ihn jedoch keine zufriedenstellende Lösung dar, da sie vor dem Start erst umständlich von aussen vorgeheizt werden mussten. Daher arbeitete Schlüter an einem kompressorlosen Dieselmotor, der ohne Zündhilfsmittel gestartet werden konnte. Zunächst entwickelte er direkteinspritzende Dieselmotoren, die jedoch leider nicht mehr patentrechtlich zu schützen waren. Der damals ebenfalls bekannte Vorkammer-Dieselmotor hatte demgegenüber den Nachteil, dass er ohne Hilfsmittel nicht zu starten war. Lange, aufwendige Versuche im Hause Schlüter führten schließlich zum Schwenkkammerverfahren, der bis heute einzigen Konstruktion, die den Kaltstart eines Vorkammer-Dieselmotors ohne Zündhilfsmittel ermöglicht. Motoren mit diesem patentierten Kaltstartverfahren bildeten ab 1924 das Rückgrat der Dieselmotorenfertigung der Motorenfabrik Anton Schlüter, es gab sie ein- oder mehrzylindrig, in stehender und in liegender Bauart mit Leistungen von 4 bis 160 PS.

Ausgereifte, wirtschaftliche Dieselmotoren auf der einen Seite und gute Kontakte zur Landwirtschaft andererseits mußten fast zwangsläufig zur Konstruktion eines landwirtschaftlichen Schleppers führen. Nachdem es ab etwa 1934 serienmäßig Ackerluftreifen zu kaufen gab, stand auch der Entwicklung kleiner Schlepper für bäuerliche Betriebe nichts mehr im Weg.

Die Anfänge des Schlepperbaus bei Schlüter gehen auf das Jahr 1937 zurück. Zunächst wurde der 14-PS-Typ DZM präsentiert. Dieser war in der damals bei kleinen Schleppern weitverbreiteten Rahmenbauweise mit darauf montiertem, liegendem Stationärmotor ausgeführt. Übrigens lieferte Schlüter etwa zur gleichen Zeit eine geringe Anzahl von Stationär-

1942 stellte Schlüter die Fertigung des DZM 25 notgedrungen zugunsten des hier abgebildeten Schleppers mit Holzgasgenerator ein. Zwei Varianten – der Ackerschlepper GZA 25 und der Verkehrsschlepper GZV 25 – wurden angeboten und in über 600 Einheiten verkauft

motoren an die Firma Ignaz Sulzer in Harthausen bei Augsburg, die damit ihren ersten eigenen Schlepper ausrüstete. Der Schlüter DZM (später DZM 15 mit 15 PS) wurde nur für kurze Zeit hergestellt, denn schon bald ging man auf die Blockbauweise über.

Die Berliner Maschinenfabrik Prometheus hatte nämlich ein sogenanntes Einheitstriebwerk entwikkelt. Dieses faßte Schaltgetriebe, Riemenscheibenantrieb, Zapfwelle und Hinterachse in einem Block zusammen und ergab mit dem Motor eine tragende Antriebseinheit. Passende Motoren hatte Schlüter in Form von stehenden Zweizylindern mit 16 und 25 PS im Angebot. So entstand zunächst der Typ DZM 25, kurz darauf löste dann der DZM 16 den DZM 15 ab. Schon bald beschränkte Schlüter die Produktion auf den 25-PS-Typ, der auch im Schell-Plan von 1939 Berücksichtigung fand. Mit diesem Schlepper etablierte sich Schlüter auf dem Markt, bis 1942 entstanden mehr als 1000 Exemplare.

Ein besonderes Merkmal der ersten Schlüter-Schlepper war die aufwendige, automobilartige Verkleidung. Auch die zeitgenössischen Prospekte zeugen vom Ehrgeiz der Schlüter-Mannschaft, ein möglichst elegantes Äußeres zu schaffen. Die Schlepper waren sowohl in Acker- als auch in Straßenversion mit Schnellganggetriebe, auf Wunsch mit Fahrerhaus lieferbar. Bald nach der Maschinenfabrik Prometheus hatte auch die Zahnradfabrik Friedrichshafen (ZF) ein Einheits-Schleppertriebwerk auf den Markt gebracht, welches wahlweise im Schlüter DZM 25 zum Einsatz kam.

Im Zweiten Weltkrieg beanspruchte die Fertigung von Rüstungsgütern in fast allen Industriebetrieben einen Großteil der Kapazitäten. Dennoch konnte Schlüter die Schlepperproduktion aufrechterhalten, durfte jedoch, wie andere Hersteller auch, ab 1942 nur noch Fahrzeuge für den Betrieb mit Holzgas herstellen. So entwickelte man den Typ GZA mit 25/28 PS starkem Gasmotor, von dem bis in die frühe Nachkriegszeit hinein über 500 Exemplare verkauft werden konnten. Ein anderer Gasschlepper blieb hingegen ein Einzelstück, jener 1943 entstandene Straßenschlepper des Typs GZA 50 mit 50 PS starkem Vierzylindermotor wurde im Werkverkehr eingesetzt.

Während das Werk 1 (München, Balanstraße) und das Werk 2 (Gießerei in Freising) dem Zweiten Weltkrieg zum Opfer fielen, blieb das unweit von Werk 2 auf der anderen Seite der Eisenbahn gelege-

Im Vergleich zum DZM 25 muten die Dieselschlepper der ersten Nachkriegsjahre recht spartanisch an. Auf den DSU 25, dessen Motor auf dem des Gasschleppers basierte, folgte 1948 der hier abgebildete DS 25 mit völlig neuem Motor. Beide Antriebe holten aus 3,1 Litern Hubraum 25 bis 28 PS

So präsentierte sich der DS 25 nach der Überarbeitung im Mai 1949. Die bisher verwendeten Vierganggetriebe wurden nach und nach durch Varianten mit 5 und 7 Gängen verdrängt

ne Werk 3 einigermaßen unversehrt. So konnten dort selbst 1945 noch einige Holzgasschlepper fertiggestellt werden. In der Folgezeit wurde auf einen Wiederaufbau der alten Werkanlagen verzichtet und dafür vielmehr das Werk 3 erweitert und modernisiert. Das Grundstück von Werk 2 verkaufte Schlüter später an die BayWa, die noch heute auf diesem Gelände ansässig ist. Im Gegenzug verkauften einige BayWa-Werkstätten jahrelang bevorzugt Schlüter-Schlepper.

Einen schmerzlichen Verlust hatte das Unternehmen Anfang 1949 mit dem Tod des Firmengründers, Kommerzienrat Anton Schlüter, zu verkraften. Die Nachfolge trat Anton Schlüter „der Zweite" an, sein ältester Sohn, der die Firma mit sicherer Hand durch die schweren Nachkriegsjahre führte und im Sommer 1957 das „Bundesverdienstkreuz 1. Klasse" verliehen bekam. Er starb im Dezember desselben Jahres, nicht einmal neun Jahre nach seinem Vater. Von nun an lag die Leitung des Werks mit seinen 700 Beschäftigten in den Händen seines Sohnes Anton Schlüter „dem Dritten", dem Enkel des Firmengründers.

Bald nach dem Zweiten Weltkrieg war die Zeit der Holzgasfahrzeuge abgelaufen und man widmete sich wieder der Produktion von Dieselschleppern. Im Frühjahr 1947 entstand der Typ DSU 25, der sich hauptsächlich durch den Dieselmotor und den fehlenden Generator vom bisherigen GZA unterschied. Die Motorleistung betrug wie beim Gasschlepper 25/28 PS. Auf eine Kühlerverkleidung wurde verzichtet, was damals nicht ungewöhnlich war. Besonders schwierig gestaltete sich wie schon in den letzten Kriegsjahren die Beschaffung der Reifen, so daß häufig Eisenräder, auf den Hinterrädern zum Teil auch Flugzeugreifen, zum Einsatz kamen.

Nachfolger des DS 25 war der ab 1954 produzierte AS 30. Diese Bezeichnung hatte Schlüter schon zuvor im Export verwendet, beispielsweise bei dieser Hochradausführung, die 1953 in die Niederlande geliefert wurde

Der DS 15 mit 15-PS-Einzylindermotor erweiterte das Schlüter-Programm ab 1950 nach unten und wurde bis 1954 in mehr als 4200 Exemplaren produziert. Ab 1951 kam ein leicht vergrößerter Motor mit 17 PS zum Einsatz

Ab Mai 1948 produzierte Schlüter den DS 25 mit neuem, nach wie vor 25/28 PS starkem Motor. Ansonsten war er seinem Vorgänger DSU 25 zunächst sehr ähnlich, wurde jedoch schon im folgenden Jahr optisch und technisch dem Zeitgeschmack angepaßt. Anfang 1950 ergänzte der kleinere DS 15 mit einem 15 (später 17) PS starken Einzylindermotor die Produktpalette. Nach und nach ging Schlüter auf Getriebe mit mehr als vier Vorwärtsgängen über. Nur noch wenige DS 15 wurden mit Vierganggetrieben von ZF oder Renk ausgeliefert, dann gewannen die von Hurth und von ZF bezogenen Fünfgangvarianten die Oberhand. Den DS 25 gab es wahlweise mit einem ZF-Fünfgang- oder einem Renk-Siebenganggetriebe. Die Schlepper DS 15 und DS 25 blieben bis 1954 im Programm und erwiesen sich mit Produktionszahlen von jeweils über 4000 als ausgesprochen erfolgreich.

Unterhalb des DS 15 bot Schlüter ab 1953 den AS 15 mit 15 PS und leichterem Fünfganggetriebe an. Bis Ende 1956 entstanden über 3300 Einheiten

Die Jahre ab 1953 standen ganz im Zeichen einer Erweiterung des Programms, bis 1956 mit den nach ihrer Motorleistung benannten Typen AS 15, AS 18, AS 22, AS 30, AS 45 und AS 55 mit Ein-, Zwei- und Dreizylindermotoren alle gängigen Leistungsklassen abgedeckt werden konnten.

Allerdings bestand damals durchaus Bedarf an Schleppern mit weniger als 15 PS und gerade in dieser Klasse erfreuten sich luftgekühlte Motoren besonderer Beliebtheit. Auch Schlüter, bisher auf Wasserkühlung eingeschworen, hatte diese Entwicklung keineswegs übersehen und daher eine Baureihe luftgekühlter Einzylindermotoren entwickelt, die in den Einbaumaßen den wassergekühlten Einzylindern entsprachen. Ansonsten bestanden aber erhebliche Unterschiede. Beispielsweise arbeiteten die neuen Motoren nicht nach dem patentierten Schwenkkammerverfahren, sondern mit Direkteinspritzung und im Kolben angeordnetem Brennraum. Geplant waren drei Ausführungen mit 13, 16 und 18 PS, von denen aber nur die beiden schwächeren in Serie gingen. Mit diesen Motoren stellte Schlüter Ende 1956 die neuen Typen ASL 130 und ASL 160 vor, deren Auslieferung im März 1957 begann. Vor allem der ASL 130 erwies sich als voller Erfolg und gehörte 1957 und 1958 zu den meistverkauften Schlüter-Schleppern. Daneben umfaßte das Angebot nach wie vor jeweils zwei Schlepper mit wassergekühlten Ein-, Zwei- und Dreizylindermotoren. Die Ein- und Zweizylinder profitierten wie die kleinen „Luftgekühlten" von einer neuen, einteiligen Motorverkleidung und gaben sich fortan durch dreistellige Modellbezeichnungen – bestehend aus der Motorleistung in PS mit einer angehängten „0" – zu erkennen. Vier Typen wurden angeboten: AS 160, AS 180, AS 240 und AS 320.

Die Motorleistung war also teilweise geringfügig angehoben worden. Weitere Neuerungen betrafen Vorderachsen mit Einzelradfederung (ab 18 PS serienmäßig) und ein neues Hurth-Getriebe für den 18-PS-Schlepper. Noch im Laufe des Jahres ersetzte der AS 240 N mit neuem Hurth-Sechsgang-Getriebe den AS 240. Wenig später wurde der AS 350 als vorerst stärkster Zweizylinder präsentiert, der im Gegen-

Der AS 22 füllte ab 1953 die Lücke zwischen DS 15 und DS 25. Das aus dem DS 15 bekannte Hurth-Fünfganggetriebe wurde hier mit einem Zweizylindermotor kombiniert. Bis Ende 1956 wurden mehr als 2700 Exemplare verkauft

Der AS 45 mit 45-PS-Dreizylindermotor bedeutete für Schlüter 1954 den Einstieg in die schwere Klasse. Bis Ende 1958 entstanden etwas über 100 Exemplare, dazu gesellten sich noch zehn Einheiten des ähnlich aufgebauten AS 55

Im Frühjahr 1957 präsentierte Schlüter seine Ein- und Zweizylinder im neuen Gewand und brachte erstmals zwei Schlepper mit luftgekühlten Einzylindermotoren auf den Markt. Der kleinere Typ ASL 130 bildete zugleich den neuen Einstieg ins Programm

satz zu den schwächeren Typen einen Motor mit zwei einzelnen Zylinderköpfen besaß. Schon bald danach wurden auch die wassergekühlten Motoren auf Direkteinspritzung umgestellt, was erneut geänderte Typenbezeichnungen zur Folge hatte. Im 35-PS-Typ ersetzte zudem ein Hurth-Getriebe die bisher von ZF bezogene Kraftübertragung. So waren im Frühjahr 1958 folgende Neuerscheinungen zu verzeichnen: AS 181, AS 241, AS 321 und AS 351

Daneben gab es weiterhin den AS 160, welcher fortan ebenfalls einen direkteinspritzenden Motor erhielt. Der AS 321 wurde erst 1959 und 1960 in nennenswerten Stückzahlen produziert, als er längst nicht mehr zum offiziellen Verkaufsprogramm gehörte. Zwischen Juli und September 1958 hatte Schlüter das Angebot nämlich bereits wieder neu geordnet. Folgende Typen wurden angeboten:

- ASL 141 und ASL 161 mit luftgekühlten Einzylindermotoren
- AS 141 und AS 181 mit wassergekühlten Einzylindern
- AS 222, AS 261 (ab 1959: AS 262), AS 302 und AS 402 mit wassergekühlten Zweizylindern

Endlich erhielten auch die Dreizylinder die einteilige Motorverkleidung und eine Vorderachse mit Einzelradfederung. Die Kombination verschiedener Motor- und Getriebeversionen ergab insgesamt vier Varianten, von denen insgesamt gerade einmal 20 Exemplare verkauft wurden. Zunächst erschien im Oktober 1958 der noch mit Schwenkkammermotor ausgerüstete AS 500, der technisch bis auf die höhere Leistung dem AS 45 entsprach. Erst im Dezember desselben Jahres wurde mit dem AS 501 der erste Dreizylinder-Direkteinspritzer ausgeliefert. Daneben entstanden im Jahre 1960 die Typen AS 502 und AS 602 mit einem etwas schwereren ZF-Getriebe. Bei den neuen Bezeichnungen stand die letzte Ziffer für die Nenndrehzahl des Motors, eine „1" bedeutete 1500 U/min, eine „2" 1650 U/min. Der Antrieb des AS 261 leistete also 26 PS bei 1500 U/min, der des AS 302 gab dementsprechend 30 PS bei 1650 U/min ab. Im Frühjahr 1959 hob Schlüter die Leistung der beiden kleinsten Typen von 14 auf 15 PS an, daher die neuen Bezeichnungen ASL 151 bzw. AS 151.

„Die Welt ist bunt" stellte Schlüter schon damals fest und überließ seinen Kunden die Wahl der Farbe

Der AS 350 erweiterte Ende 1957 die Reihe der Zweizylinder-Schlepper nach oben. Mit zwei einzelnen Zylinderköpfen und einer dreifach gelagerten Kurbelwelle unterschied sich sein Motor deutlich von den schwächeren Zweizylindern. Innerhalb eines Jahres entstanden nur 39 Exemplare

ihres Schleppers. Zum einheitlichen grau der ersten Nachkriegsjahre hatten sich bald auch rot (zunächst vor allem im Export) und kurz darauf grün gesellt. Mitte der fünfziger Jahre waren die beliebtesten Varianten: grau mit roten Felgen, grün mit roten Felgen, grün mit beigen Felgen und rot mit beigen Felgen.

Dieses farbenfrohe Bild wurde gegen Ende der fünfziger Jahre noch durch Varianten mit grün oder rot lackierter Haube und silbergrauem Rumpf ergänzt. Die letztgenannte Ausführung „rot/silber" brachte es schon bald zu großer Beliebtheit, um in den siebziger Jahren praktisch zur Schlüter-Einheitslackierung zu avancieren. Nur in grün wurden nach wie vor einige wenige Exemplare ausgeliefert.

Schon im Frühjahr 1959 ging Schlüter wieder von dem etwas komplizierten Bezeichnungssystem des vergangenen Jahres ab und gab nach einem „S" (bei Luftkühlung „SL") schlichtweg die Motorleistung an. Folgende neue Typen wurden angeboten:

- SL 15 und S 15 mit Einzylindermotoren
- S 20, S 25 und S 35 mit Zweizylindermotoren
- S 45 mit Dreizylindermotor

Schon ein halbes Jahr nach Umstellung der Motoren auf Direkteinspritzung Anfang 1958 überarbeitete Schlüter das Programm erneut. Kleinster Zweizylinder war nun der AS 222, dessen 22-PS-Motor seine Kraft an ein neues Hurth-Sechsganggetriebe abgab. Nach nur zehn Monaten und knapp 300 Exemplaren wurde er abgelöst

Die Schlepper unterschieden sich optisch nur in Details von ihren Vorgängern. Die bisher bei den größeren Typen verwendeten, weit herunterreichenden Kotflügel waren kürzeren gewichen und an der leicht geänderten Motorhaube fiel neben dem runderen Seitenausschnitt das Schlüter-Emblem auf, welches fortan unterhalb des Schriftzuges die Frontansicht zierte. Diese neue Haube wurde ab Sommer 1959 auch für die weiterhin angebotenen Typen AS 302 und AS 501/502 übernommen. Bemerkenswert erscheint, daß Schlüter entgegen dem allgemeinen Trend die spezifische Motorleistung teilweise sogar wieder gesenkt hatte. Ein Extrembeispiel hierfür ist der S 20, dessen 2,5-Liter-Motor der weitaus großvolumigste seiner Klasse war, größer sogar als der des leistungsgleichen Lanz Bulldog D 2016. Neben dem AS 302, der genau in die Lücke zwischen S 25 und S 35 paßte, wurde auch noch der AS 321 in nennenswerter Stückzahl produziert. Dessen gegenüber dem stärkeren S 35 um über 100 kg höheres Gewicht ließ jedoch erkennen, daß er bereits einer vergangenen Generation angehörte. Im Laufe des Jahres 1960 stellte Schlüter die Produktion der alten 30/32-PS-Typen ein und brachte den moderneren, deutlich leichteren S 30 auf den Markt. Er wies den gleichen Motor auf wie AS 302 und AS 321, das Getriebe entsprach hingegen dem des S 25. Nachdem man die Leistung der Typen S 35 und S 45 im Frühjahr 1961 auf 38 bzw. 50 PS erhöht hatte, näherte sich die Nachfrage nach den schweren 50- und 60-PS-Dreizylindern dem Nullpunkt und Schlüter nahm sie aus dem Programm. Abgesehen von den 16/17-PS-Typen SL 15 und S 15 besaßen nunmehr alle Schlepper Triebwerke des Münchner Herstellers Hurth. Da man dort beabsichtigte, die Getriebefertigung einzustellen, mußte sich die Schlüter-Mannschaft nach einem anderen Lieferanten für Schleppertriebwerke umsehen.

Abgesehen von Unternehmen mit eigener Schlepperfertigung produzierte hierzulande nur noch die Firma ZF in Passau geeignete Getriebe. Nach der Umstellung auf diese neuen Kraftübertragungen sah das Schlüter-Programm im Jahre 1961 folgendermaßen aus: SL 15, S 15, S 20 (SF 201), S 30 (SF 303), S 35 (SF 353) und S 50 (SF 503).

Abgesehen von den unverändert weitergebauten Einzylindern trugen Schlüter-Schlepper von nun an also eine spezielle technische Bezeichnung, die von der Verkaufsbezeichnung abwich. Die verwendeten Motoren entsprachen nur im Falle der 20- und 50-PS-Typen denen der Vorgänger. Die neuen Typen S 30 und S 35 erhielten eine überarbeitete Version des im bisherigen S 30 verwendeten Motors. Die in den Typen S 30, S 35 und S 50 verwendeten ZF-Getriebe zählten damals zu den modernsten ihrer Art. Zum einen erleichterte die Klauenschaltung Schaltvorgänge und minderte den Verschleiß der Zahnräder. Außerdem waren die Gänge in Gruppen angeordnet, was eine relativ hohe Gangzahl (8 vorwärts und 4 rückwärts) bei vertretbarer Baugröße ermöglichte. Mit der Zapfwelle, die neben der Normdrehzahl von 540 U/min auch auf 1080 U/min eingestellt werden konnte, war dieses Getriebe schon für die erst viele Jahre später erscheinenden 1000-U/min-Zapfwellengeräte gerüstet. Der S 20 besaß fortan das aus den kleineren Typen SL 15 und S 15 bekannte ZF-Getriebe A 5/6 und verfügte somit im Gegensatz zum Vorgänger weder über eine Motor- noch über eine Wegzapfwelle. Auffällig am neuen Schlüter-Programm war die große Lücke zwischen 20 und 30 PS, da es vorerst keinen Nachfolger für den S 25 gab.

Im Juni 1962 erhielten die Schlüter-Schlepper eine neugestaltete Motorhaube, welche gegenüber der bisherigen Ausführung breiter und kantiger wirkte. Der „Schlüter"-Schriftzug an der Frontseite fehlte, dafür war das Emblem nunmehr deutlich größer und markanter. Die 15-PS-Typen fielen aus dem Programm und der S 20 wurde zum 24 PS starken S 25 (SF 202) mit von der Betriebsbremse unabhängiger Feststellbremse weiterentwickelt. Am oberen Ende der Modellpalette erschien der S 60 (SF 603), der im technischen Aufbau dem früheren AS 501 entsprach, also noch ein Getriebe herkömmlicher Bauart aufwies. Die Leistung des S 30 wurde geringfügig auf 32 PS gesteigert. Dagegen hatte Schlüter die Produktion des S 35 bereits im Mai 1962 eingestellt, da die Markteinführung des Nachfolgers S 450 unmittelbar bevorstand. Dessen komplett neuer Dreizylindermotor sollte mit einem wichtigen Kritikpunkt der alten Zweizylinder, der mangelnden Laufruhe, aufräumen.

Schon 1961 hatte Schlüter die Entwicklung der neuen Motorenbaureihe SDW abgeschlossen, auf deren Basis das Schlepperprogramm von August 1962 bis April 1964 vollständig umgekrempelt wurde. Den Anfang machten die Dreizylinder, erst der S 450 mit 42 PS, dazu im Frühjahr 1963 der 34-PS-Typ S 350. Die neuen Schlepper waren in Halbrahmenbauweise ausgeführt, d. h. der Motor hatte keine tragende Aufgabe zu übernehmen und konnte ein- und ausgebaut

Der S 25 war der optisch und technisch nur dezent überarbeitete Nachfolger des AS 222. Ab Oktober 1959 verfügte er über einen längeren Radstand und auf Wunsch über eine Motorzapfwelle

Bis 1962 führte Schlüter noch zwei kleine Schlepper mit Einzylindermotor im Programm, den hier abgebildeten S 15 und dessen luftgekühltes Parallelmodell SL 15

Ab Juni 1962 bildete der S 25 mit 24-PS-Zweizylindermotor den Einstieg ins Schlüter-Programm. Die geänderte Motorhaube deutete bereits auf die kommende, komplett neue Baureihe hin

Der in nur 15 Exemplaren gefertigte S 60 war 1962 und 1963 das Flaggschiff der Schlüter-Palette. Technisch basierte er noch auf dem AS 45 von 1954

werden, ohne daß gleich das ganze Fahrzeug getrennt werden mußte. Diese Bauart war eine Zeitlang auch bei der Firma Hanomag sehr beliebt und von nun an Merkmal sämtlicher neuer Schlüter-Modelle. Die Frontansicht der neuen Baureihe zeigte eine ausgeprägte Ähnlichkeit mit dem erst 1962 beim bisherigen Programm eingeführten Gesicht, insgesamt wirkte die Linienführung jedoch deutlich gestreckter. Ein wahrer Paukenschlag war die Ankündigung eines 75-PS-Schleppers mit Sechszylindermotor im Frühjahr 1963. Noch vor Ende des Jahres konnte dann auch der erste Allradschlepper des Hauses, der S 650 V mit 56-PS-Vierzylindermotor, ausgeliefert werden. Eine weitere Innovation war die Ausrüstung der beiden größten Typen mit Lenkradschaltung. Im April 1964 ging der angekündigte Sechszylinder in Serie, so daß das Programm schließlich aus vier Typen von 34 bis 80 PS bestand, die ab Herbst des Jahres sämtlich mit Allradantrieb lieferbar waren. Einerseits gehörte Schlüter zu den ersten Herstellern, die einen 80-PS-Schlepper anbieten konnten, andererseits fehlten Typen unter 34 PS im Schlüter-Programm völlig. Bei vielen Konkurrenten begann das Angebot bei 15 oder 20 PS und endete bei maximal 60 PS. Passend dazu hieß es in der Werbung von 1964 daher: „Schlüter baut die großen vier".

Die Erprobung der Schlepper erfolgte auf dem eigenen Gut Schlüterhof in unmittelbarer Nachbarschaft des Werks. Auf diesem Gut veranstaltete das Unternehmen im Mai 1964 seinen ersten Feldtag, um das Interesse für schwere, besonders leistungsstarke Schlepper zu wecken und die Entwicklung entsprechender Arbeitsgeräte anzuregen. Gerade einmal 60 Besucher kamen, zur Hälfte Professoren und Händler. Doch man hatte einen Stein ins Rollen gebracht: Schon bald nahmen die deutschen Landmaschinenhersteller die Produktion passender Pflüge und Bodenbearbeitungsgeräte für Großtraktoren auf, und auch das Interesse der Praxis an leistungsfähigeren Schleppern wuchs. Der Feldtag wurde zu einer festen Einrichtung, die zunächst zweimal, später nur noch einmal im Jahr 20 000 bis 25 000 Besuchern einen

Mit dem S 450 präsentierte Schlüter im August 1962 den ersten Vertreter einer völlig neuen Generation. Wie beim Fahrgestell in Halbrahmenbauweise handelte es sich auch beim 42-PS-Dreizylindermotor um eine Neukonstruktion. Nur das moderne ZF-Gruppengetriebe war bereits aus dem Vorgänger bekannt

Der Ende 1963 vorgestellte S 650 mit 56-PS-Vierzylindermotor war von Anfang an und somit als erster Schlüter-Schlepper mit Allradantrieb erhältlich. Der Fahrkomfort profitierte von der Lenkradschaltung und der wahlweise lieferbaren Servolenkung

Noch einen Schritt weiter ging der ab April 1964 ausgelieferte S 900 mit 80-PS-Sechszylindermotor. In zwei Jahren wurden etwas über 100 Exemplare ausgeliefert, ab Juli 1965 fast alle mit Allradantrieb

Technische Innovationen wie Lenkradschaltung, Servolenkung und Allradantrieb kamen bald auch den kleineren Schlüter-Schleppern zugute, beispielsweise dem von 1966 bis 1968 gefertigten Super 500 V mit 48 bis 52 PS starkem Vierzylindermotor

Überblick über den aktuellen Stand der Landtechnik bot. Schlüter stand jetzt der Herausforderung gegenüber, noch stärkere Schlepper zu entwickeln.

Die 1966 präsentierte Super-Baureihe umfaßte die fünf Modelle Super 400, 500, 650, 750 und 900 mit 38 bis 90 PS, darüber hinaus erprobte man den 130-PS-Giganten Super 1500 V. Von Anfang an wurden mehr als 90 Prozent der 75- und 90-PS-Schlepper mit Allradantrieb ausgeliefert. Eine Lenkradschaltung und der bequeme Farmer-Clubsessel sorgten bei allen Typen für gesteigerten Fahrkomfort, ab 75 PS gab es zudem wahlweise ein (fast) vollständig synchronisiertes Getriebe. Großes Aufsehen erregte die neue Traktomobil-Sicherheitskabine, die zwar erst in den siebziger Jahren eine größere Verbreitung erreichte, schließlich aber zu einem charakteristischen Merkmal der Schlüter-Schlepper wurde. Ab 1968 umfaßte das Angebot nicht weniger als zehn verschieden Grundmodelle von 35 bis 150 PS. Während vom Achtzylinder-Flaggschiff in der Folgezeit nur ein Exemplar verkauft wurde, genossen die 65 bis 110 PS starken Sechszylinder-Typen eine ungeheure Popularität. Schon damals wurden alle Schlüter-Schlepper wahlweise mit einer automatischen Hydrokupplung geliefert. Von Ende 1968 bis 1971 profitierten die noch taufrischen Motoren schließlich von der Weiterentwicklung zur Bauart SDMW. Diverse Verstärkungen und ein geändertes Einspritzsystem erlaubten eine höhere Leistungsausbeute bei geringerem Kraftstoffverbrauch, ab 1970 sorgten Turbolader in den stärksten Modellen für noch mehr Kraft.

Natürlich erkannte auch die Konkurrenz bald, daß sich mit leistungsstarken, komfortablen Schleppern vortrefflich Geld verdienen läßt und war Schlüter von da ab ständig auf den Fersen. Dennoch gelang es dem vergleichsweise kleinen Freisinger Unternehmen bemerkenswert lange, den Mitbewerbern in entscheidenden Punkten immer eine Nasenlänge voraus zu sein. So hatten zwar im Jahre 1968 auch andere Hersteller 90-PS-Schlepper mit Allradantrieb im Programm, doch bei Schlüter gab es bereits serienmäßig den 110 PS starken Super 1250 zu kaufen, dazu befanden sich 150-PS-Schlepper in der Erprobung. Dank Turbolader reichte die Bandbreite zwei Jahre später bereits bis 135 PS im serienmäßigen Super 1500 TV bzw. 180 PS im nur zweimal gebauten Super 2000 TV mit Achtzylindermotor.

Eine weitere Marktlücke bediente Schlüter mit speziell auf die Bedürfnisse der Forstbetriebe abgestimmten Schleppern. Bereits 1964 und 1965 hatte der Forsttechnische Prüfausschuß (FPA) den 56-PS-Allradschlepper S 650 V ein Jahr lang in verschiedenen Forstämtern einer harten Gebrauchsprüfung sowie einer kritischen betriebswirtschaftlichen Untersuchung unterzogen und ihm im April 1965 schließlich das Prädikat „geeignet und zu empfehlen" verliehen. Daraufhin durften die Schlüter-Allradschlepper das Eignungszeichen des FPA führen. Immer häufiger wurden Schlepper von vornherein als spezielle Forstmaschinen mit entsprechender Ausrüstung gekauft. Wichtigstes Merkmal war dabei eine aufgesattelte Anbauseilwinde mit Rückebergstütze. Die Bergstütze ließ sich entfernen und dafür ein Hydraulikblock mit eigenem Hubzylinder ansetzen, so daß Dreipunktgeräte, auch solche mit Zapfwellenantrieb, angebaut werden konnten. Da Schlepper im Forst aber außergewöhnlichen Belastungen und einer hohen Beschädigungsgefahr ausgesetzt sind, erschien auch eine Ausrüstung mit Bodenschutzwanne, Front- und Überschlagschutz sowie Astabweisern angeraten. Auch Schlepper mit Kabine erhielten spezielle Schutzbügel, dazu gab es in späteren Jahren abnehmbare Kotflügel, da diese zwar bei Straßenfahrt erforderlich waren, im Wald jedoch häufig eher im Weg standen. Gerade Fahrgestell und Kraftübertragung waren besonderen Belastungen ausgesetzt, so daß Schlüter ab 1969 spezielle Grundmodelle für den Forsteinsatz anbot. Im Interesse der Materialschonung wurde beispielsweise das für 115 PS ausgelegte Fahrgestell des Super 1250 V mit einem nur 100 PS starken Motor kombiniert. Das ergab dann den Super 950 SV. Kleinster Typ dieser Sonderbauart war der Super 550 S als verstärkte Variante des Super 550, der von Schlüter jedoch nicht als spezieller Forstschlepper geführt wurde. Im Allgemeinen wurden weiterhin auch „normale" Grundmodelle als Basis für Forstschlepper verwendet, ebenso wie in seltenen Fällen auch SV-Typen für die Landwirtschaft gekauft wurden. Als Spezialmaschinen für den besonders harten Einsatz blieben die SV-Typen eine Randerscheinung, insgesamt wurden zwischen 1968 und 1993 nicht mehr als 80 Exemplare aufgebaut.

Nachfolger des S 900 V war ab September 1966 der Super 900 V mit größerem und stärkerem Motor sowie neuem, auf Wunsch (nahezu) vollsynchronisiertem Getriebe. Neben der beliebten Lackierung „rot/silber" wurden nach wie vor zahlreiche Schlüter-Schlepper in grüner Farbgebung verkauft

Eine weitere Eigenart gilt allgemein für Forstschlepper. Nachdem zunächst hauptsächlich die stärksten Maschinen gefragt waren, kristallisierte sich aufgrund der erforderlichen Wendigkeit später eine Obergrenze bei etwa 130 PS heraus. Für viele Einsatzgebiete erwiesen sich schon die Sechszylinder-Schlepper der Super-Baureihe als zu groß.

Die regen Aktivitäten in den oberen Leistungsklassen dürfen nicht darüber hinwegtäuschen, daß kleinere Schlepper auch bei Schlüter weiterhin eine gewichtige Rolle spielten. So entfielen noch Ende der sechziger Jahre rund 40 Prozenz der verkauften Stückzahlen auf die Einstiegsmodelle Super 350, 450 und 550 mit 35 oder 45 PS starken Dreizylindermotoren bzw. 55-PS-Vierzylindern. Auch sie profitierten von verbesserten Motoren, die ab 1971 schließlich 42, 48 bzw. 58 PS leisteten. Dazu gesellte sich im Jahr darauf noch der Compact 550 mit 58-PS-Dreizylinder. Zu diesem Zeitpunkt war das Schicksal dieser Typen allerdings längst besiegelt. Getriebelieferant ZF hatte nämlich die Kraftübertragungen für Schlepper der kleinen Leistungsklassen aus dem Programm genommen. Unternehmen, die stärker auf das Geschäft in diesen Klassen angewiesen waren, standen vor einer schweren Entscheidung. Güldner zog sich ganz aus dem Geschäft zurück, Eicher blieb nur die Beschaffung geeigneter Getriebe – und damit schließlich auch die Abhängigkeit – von einem großen Landtechnik-Konzern. Nur Schlüter konnte es verkraften, das entsprechende Marktsegment kampflos der Konkurrenz zu überlassen und dafür das Engagement in der großen Klasse zu verstärken, in der man ja ohnehin schon Marktführer war.

Außerdem mangelte es in Freising keineswegs an guten Ideen. Auch die beiden kleinsten Sechszylinder-Schlepper Super 650 und 750 mit 72 bzw. 80 PS fielen aus dem Programm. Dafür präsentierte Schlüter 1971 die drei sogenannten Compact-Traktomobile, deren Name schon darauf hindeutet, daß diese neuen Typen Leistung und Ausstattung mittlerer bis großer Schlepper in relativ kompakter Bauform unterbrachten. Nachdem Schlüter in dieser Leistungsklasse zuvor Sechszyindermotoren verwendet hatte, kam der neue Compact 750 mit einem 68-PS-Dreizylinder aus. Der 80-PS-Typ Compact 850 besaß einen Vierzylinder, der es im vorläufigen Spitzenmodell Compact 950 dank eines Turboladers sogar auf 95 PS brachte. Darüberhinaus umfaßte das Programm ab 1972 insgesamt sieben Großschlepper mit Sechzylindermotoren von 85 bis 145 PS. Schon im Vorjahr hatten die Typen Super 850, 950 und 1150 ihre 5 PS schwächeren Vorgänger Super 750, 850 und 950 ersetzt. Nun gesellten sich zu den ausschließlich mit Allradantrieb angebotenen Super 1250 V und 1500 TV deren leistungsgesteigerte Abwandlungen 1250 VL und 1500 TVL.

Mit dem Slogan „Bärenkraft in zarter Hand" hob Schlüter bereits 1966 die Bemühungen um verbesserten Fahrkomfort hervor. Diese Dame steuert das damalige Flaggschiff, den in nur zwei Exemplaren produzierten Super 1500 V mit 130 PS starkem Achtzylinder-Reihenmotor

Einen weiteren Schritt in Richtung mehr Fahrkomfort bedeutete die Traktomobil-Kabine mit ihren charakteristischen Schiebetüren. Vor der Markteinführung des Fahrerhauses zeigte man im Sommer 1966 diese Designstudie auf Basis des Super 900

Ab 1970 lieferte Schlüter seine Schlepper – wie diesen Super 450 – serienmäßig mit Sicherheitsrahmen und Sonnenschutzdach aus. Die zeitgleich eingeführten eckigen Kotflügel bildeten zudem eine solide Basis für den Aufbau der Traktomobil-Kabine

Während sich die Modellbezeichnungen hierzulande an der Motorleistung orientierten, wiesen sie in zahlreichen Exportländern auf den Hubraum hin, da die Leistungsangaben dort aufgrund unterschiedlicher Meßmethoden und teilweise anderer Einstellungen differierten. Ein Beispiel aus dem Jahr 1972: Auf dem deutschen Markt gab es den Super 950 mit 6,6-Liter-Motor und 95 PS (DIN) bei 1800 U/min. Im Ausland wurde dieser Schlepper hingegen als Super E 6600 verkauft und die Leistung mit 110 PS (SAE) bei 2000 U/min beziffert.

Als aufsehenerregende Neuheit stellte man 1973 den Profi Trac 3000 TVL auf die Räder. Während für die meisten Hersteller 120 oder 130 PS die Obergrenze darstellten, war der neue Profi Trac mit 280 PS mehr als doppelt so stark. In Ermangelung eines eigenen Motors dieser Leistung bezogen die Schlüter-Werke für den Giganten erstmals ein Fremdaggregat, einen elf Liter großen Sechszylinder von MAN. Neben vier gleich großen Rädern und Allradlenkung hatte der neue Profi Trac ein weiteres interessantes Detail zu bieten: Die hydraulisch kippbare Kabine, welche für eine erhebliche Erleichterung der Wartung sorgte. Vorerst behielten die Standard-Schlepper noch das feste Fahrerhaus, dieses wurde jedoch 1974 im Interesse eines besseren Fahrkomforts zur „Super-Silence"-Kabine weiterentwickelt. Von außen gaben sich die neuen Kabinen an den fehlenden Zusatzfenstern im Fußraum und dem steileren, vollständig geschlossenen Heck zu erkennen. Im Inneren gab es ein neues Armaturenbrett, an dem beide Schalthebel seitlich angeordnet waren. Neben der besseren Geräuschdämmung fielen bei den 1250ern und 1500ern zudem der breitere Einstieg und das großzügigere Raumangebot positiv auf, da sich der Kraftstofftank bei diesen Typen komplett unterhalb der Kabine befand.

Nachdem die großen Achtzylinder nun schon seit fast einem Jahrzehnt zum offiziellen Verkaufsprogramm gehörten, ohne daß mehr als acht (!) Exemplare fertiggestellt worden waren, lief im Mai 1975 endlich die Serienfertigung des 185 PS starken Super 2000 TVL an. Nur vier Monate später begann die Auslieferung des beeindruckenden Profi Trac 3000 TVL, von dem zwölf Exemplare nach Jugoslawien verkauft wurden, gefolgt von fünf Profi Trac 2500 VL mit 240

Der Compact 550 gehörte 1972 zu den letzten Schlüter-Schleppern mit weniger als 60 PS. Nur 18 Exemplare verließen das Werk, davon drei mit Kabine, die bei diesen kleinen Typen keine Schiebetüren, sondern konventionelle Schwenktüren hatte

Mit dem ab Ende 1968 angebotenen Super 1250 V begründete Schlüter seine Position als Marktführer oberhalb von 100 PS. Allradantrieb war inzwischen selbstverständlich, ab 1970 begann sich auch die Kabine auf breiter Front durchzusetzen

Der ab Mitte 1971 in Serie produzierte Super 1500 TV war gegenüber dem Super 1250 V in wesentlichen Punkten verstärkt und sein Motor leistete dank Turbolader 135 PS. Ein weiteres Merkmal war die breitere Kabine, die 1973 auch für den 1250er übernommen wurde

Die neue Compact-Baureihe kombinierte ab 1971 leistungsgesteigerte Drei- und Vierzylindermotoren mit der aufwendigen Technik der großen Sechszylinder. Zunächst hatte man beabsichtigt, die neuen Typen als „Super 700" und „Super 800" zu verkaufen

Wie die vorangegangenen Achtzylindertypen behielt auch der 165 bis 175 PS starke Super 1800 den Charakter eines Prototypen, basierte jedoch bereits auf seriennahen Komponenten

Die im Frühjahr 1974 präsentierte Super-Silence-Kabine – hier auf dem 150 PS starken Super 1500 TVL – zeichnete sich durch verbesserten Geräuschkomfort aus, außerdem sorgte der vollständig unter dem Fußboden angeordnete Kraftstofftank für einen bequemeren Einstieg und einen großzügigen Innenraum

Mit dem 185 PS starken Super 2000 TVL nahm Schlüter im Mai 1975 die Serienfertigung der Achtzylinder auf. Die Abbildung zeigt das im Laufe des Jahres 1974 auf Basis des Super 1800 aufgebaute Vorserienexemplar

Dieser Super 2000 TVL verfügt bereits über die 1976 eingeführte kippbare Kabine, welche die Wartungsfreundlichkeit entscheidend verbesserte und zudem einen durchgehend ebenen Fußboden hatte

Ab 1978 wurden auch die Compact-Schlepper mit kippbarer Kabine ausgeliefert. Die unten eingezogenen Türen sorgten für mehr Bewegungsfreiheit ohne größere Spurweite

PS. Bereits seit einem knappen Jahrzehnt bestanden gute Kontakte zum Mittelmeeranrainer, wodurch unter anderem die Entwicklung immer stärkerer Schlepper angeregt wurde. Auch an dem 1978 entstandenen Profi Trac 5000 TVL, der mit 500 PS bis zum heutigen Tag als weitaus stärkster Schlepper Europas gilt, bekundete die dortige Regierung Interesse. Die politischen Ereignisse in Jugoslawien führten leider auch zum weitgehenden Ende der Handelsbeziehungen mit der westlichen Welt, so daß einer der wichtigsten Absatzmärkte für Schlüter-Schlepper mit mehr als 200 PS wegfiel und der 500-PS-Typ ein Einzelstück blieb. Weitere Profi-Trac-Varianten mit 210 und 320 PS brachten es gerade einmal auf drei bzw. vier Exemplare.

Nachdem beileibe kein Bedarf mehr an noch stärkeren Schleppern bestand, galt das Hauptaugenmerk der Verfeinerung der Technik. Schließlich führten die Typen Super 1250 und 1500 zwar die Zulassungsstatistik in der Leistungsklasse über 100 PS an, es galt

Das bei der Compact-Baureihe eingeführte Kabinen-Konzept wurde bald auch bei den größeren Super-Typen eingeführt, hier das 105 PS starke Einstiegsmodell Super 1050 V

Die neue Kippkabine war nicht nur recht geräumig, sondern für damalige Verhältnisse auch beispielhaft leise. So wurden am Fahrerplatz dieses Super 1500 TVL rund 80 dB(A) gemessen

aber, diese Position gegen eine ständig wachsende Schar von Konkurrenten zu verteidigen. So stattete Schlüter ab 1976 erstmals auch die 115 bis 185 PS starken Standardschlepper mit hydraulisch kippbarer Kabine aus, rund zwei Jahre später gehörte diese Technik bei allen Typen zum serienmäßigen Lieferumfang. Die Compact-Schlepper profitierten im Frühjahr 1978 zwar als letzte von der hydraulisch kippbaren Kabine, zeichneten sich jedoch als erste durch im unteren Bereich eingezogenen Türen aus. Diese gute Idee schaffte im oberen Bereich der Kabine mehr Platz als zwischen den Kotflügeln und wurde ein knappes halbes Jahr später auch für die Super-Baureihe übernommen.

Ein wahres Feuerwerk an Neuheiten zündeten die Bayern zur DLG-Ausstellung 1980, mit der Auslieferung der neuen Typen ließ man sich allerdings bis zu zwei Jahre Zeit. Damit war das Programm der Super-Traktomobile auf nicht weniger als elf Typen von 105 bis 280 PS angewachsen. Den weiterhin angebotenen Modellen 1050 V, 1250 VL, 1500 TVL und 2000 TVL hatte man die um 5 bis 15 PS stärkeren „Special"-Varianten mit größerem Hubraum zur Seite gestellt. Dazu gesellte sich der Super 1800 TVL, dessen aufgeladener Sechszylindermotor es dank zusätzlicher Ladeluftkühlung auf 170 bzw. ab Ende 1982 sogar auf 180 PS brachte. In den 240- und 280-PS-Typen kamen die schon aus den Profi Trac bekannten MAN-Motoren in Verbindung mit neuentwickelten ZF-Lastschaltgetrieben zum Einsatz. Eine völlig neue Modellfamilie bildeten die 130 bis 200 PS starken Super-Trac-Schlepper, welche im Sinne schlupfärmerer Kraftübertragung über vier gleich große Räder verfügten. Später entstanden auch in dieser Baureihe stärkere Varianten mit 240 und 280 PS. Daneben verließen in den achtziger Jahren nur noch knapp zehn Exemplare der Profi-Trac-Reihe mit 240, 280 oder 320 PS das Werk, die sich zusätzlich durch Allradlenkung auszeichneten. Ab 1982 ersetzte Schlüter die Drei- und Vierzylindermotoren der Compact-Traktomobile durch von der MAN zugelieferte Sechszylinder. Bis 1986 wuchs die kleine Baureihe auf vier Typen von 90 bis 130 PS an.

Schlepper unterhalb von 90 PS fehlten seit 1983 völlig im Programm, obwohl man 1984 den 70-PS-Prototypen Compact 750 V4 auf die Räder gestellt hatte. Der MAN-Motor des ganz in silbergrau lackierten Fahrzeugs entstammte derselben Baureihe wie

Eine wahre Flut von neuen Modellen der oberen Leistungsklasse brachte Schlüter Anfang der achtziger Jahre auf den Markt. Dazu gehörte der gigantische Super 3000 TVL mit 280-PS-MAN-Motor, von dem zwischen 1981 und 1985 nur zwölf Exemplare verkauft wurden

Bereits 1973 hatte Schlüter den ersten 280-PS-Schlepper vorgestellt. Von diesem Profi Trac 3000 TVL mit Allradlenkung wurden zwischen 1975 und 1977 genau 14 Einheiten produziert, zwölf davon gingen nach Jugoslawien

Ein Einzelstück blieb der 1978 auf Kiel gelegte Profi Trac 5000 TVL, der mit seinem 500 PS starken Zwölfzylindermotor bis heute als stärkster Schlepper Europas gilt

Dieser 280 PS starke Profi Trac 2500 TVL war 1989 das letzte Exemplar seiner Baureihe. Die insgesamt rund 40 aufgebauten Profi Trac verteilen sich auf sage und schreibe elf verschiedene Typen

Der ab 1981 verkaufte Super Trac mit vier gleich großen Rädern war technisch etwas einfacher als der Profi Trac. Motor und Getriebe entsprachen weitgehend den Super-Typen gleicher Leistung. Der aufgeladene Sechszylindermotor dieses Super Trac 1600 TVL gab 160 PS ab

die Antriebe der größeren Compact-Typen, hatte jedoch lediglich vier Zylinder vorzuweisen. Beim vollsynchronisierten 16/8-Gang-Getriebe handelte es sich um eine komplette Neuentwicklung von ZF. Eine weitere Innovation stellte die elektronische Hubwerksregelung dar. Die Kabine entsprach in vielen Teilen derjenigen der Sechszylinder-Versionen, auch was die Gesamtbreite betrifft. Unterschiede zeigten sich jedoch im niedrigeren Dach und vor allem in den im unteren Bereich stärker eingezogenen Türen, womit man gegenüber den größeren Typen eine geringere Bauhöhe und schmalere Spurweiten erreichte. Gleichzeitig entstand der Super 2200 TVL mit 210-PS-Achtzylindermotor und volllastschaltbarem, elektronisch gesteuertem 16/16-Gang-Wendegetriebe, der sich wie sein kleinerer Bruder durch eine silbrig-blaue Lackierung auszeichnete. Nach der Vorstellung in der Öffentlichkeit wurden beide Schlepper an ZF abgegeben, wo sie zur Erprobung der neuartigen Getriebe dienten. Dort befand sich eine komplette Reihe von Schleppertriebwerken in der Entwicklung, in der auch wieder Ausführungen für leichtere und sogar solche für schmalspurige Schlepper vorgesehen waren. Zu einer Serienfertigung kam es leider nicht, so daß Compact 750 V4 und Super 2200 TVL Einzelstücke blieben.

Das Modellprogramm war zu Anfang der achtziger Jahre zwar so umfangreich wie nie zuvor, das allein garantierte aber noch keine gesicherte Zukunft. Nach jahrelanger Suche hoffte Dr. Anton Schlüter 1983 im Automobilhersteller BMW einen Partner für die Firma gefunden zu haben. Berichten

Der Super Tronic-Trac 1900 TV LS bestach 1987 durch seine zukunftsweisende Getriebetechnik mit elektronisch gesteuerter achtfach-Lastschaltung. Leider blieb es bei neun Exemplaren

Dieser Super Trac 2200 TVL wurde 1992 als letzter Schlepper mit dem monumentalen Achzylinder-Reihenmotor montiert. Kraftquelle der drei noch folgenden Super Trac war ein 210-PS-Sechszylinder von Liebherr

Von 1984 bis 1989 bot Schlüter auch in der Super-Trac-Baureihe Schlepper über 200 PS an, letztes Exemplar war Ende 1989 dieser Super Trac 2500 VL-LS mit aufgeladenem 240-PS-MAN-Motor

Ein Einzelstück blieb der auffällig lackierte Compact 750 V4, den Schlüter 1984 zur Erprobung eines neuartigen Getriebes an ZF lieferte. Als einziger Schlüter-Schlepper seit 20 Jahren war er in Blockbauweise ausgeführt

Parallel zum Compact 750 V4 wurde der Super 2200 TVL in der gleichen Farbgebung an ZF geliefert. Er diente zur Erprobung eines elektronisch gesteuerten Lastschaltgetriebes und blieb ebenfalls ein Einzelstück

Ab Mitte 1986 liefen die Schlüter-Schlepper bis zu 50 km/h. Mit einer auffälligen silbernen Lackierung und entsprechender „High Speed"-Beschriftung machte man auf diese damals konkurrenzlos schnellen Schlepper aufmerksam

Spitzenmodell der Compact-Baureihe war ab Mitte 1986 der 1350 TV 6, dessen aufgeladener MAN-Sechszylindermotor 130 PS leistete. Die an der flachen Dachhaube zu erkennende Niedrigkabine „Mini Cab" zählte bereits seit Ende 1982 zur Standardausrüstung der kleinen Schlüter-Schlepper

Schlüters zufolge lehnte die Stadt Freising jedoch eine Ansiedlung von BMW auf dem Schlüter-Gelände ab, weil die geplanten Fabrikanlagen das Stadtbild gestört hätten. Unerfreulich für Schlüter war zudem, daß ein Großteil der Genossenschaften und einige größere Händler nach Bekanntwerden dieser Pläne keine Schlüter-Schlepper mehr verkaufen wollten, weil sie glaubten, daß sich das Unternehmen eines Tages ganz aus dem Schleppergeschäft zurückziehen würde. Das war vor allem dort problematisch, wo die Genossenschaften bislang das alleinige Vertriebsrecht beansprucht hatten. Insgesamt waren die Verkaufszahlen der Schlüter-Schlepper nach 1983 stark rückläufig, sogar die Marktführerschaft oberhalb von 150 PS ging an die Konkurrenz verloren. Ein Rückzug aus dem Geschäft stand jedoch nicht zur Debatte. Im Gegenteil, das bestehende Programm erfreute sich weiterhin stetiger Modellpflege. Man experimentierte mit interessanten technischen Details, z. B. einer Wandlerschaltkupplung und bot ab Mitte 1986 Versionen mit einer Höchstgeschwindigkeit von 50 km/h an. Mit einer auffälligen silbernen Lackierung und entsprechender „High Speed"-Beschriftung machte man auf diese damals konkurrenzlos schnellen Schlepper aufmerksam. Einen weiteren Paukenschlag bereitete man 1987 mit den Electronic-Schleppern vor, deren Vorläufer Super 2200 TVL bereits auf der DLG-Ausstellung 1984 das Licht der Welt erblickt hatte. Leider sprang mit dem amerikanischen Hersteller Ford ein potentieller Großkunde für das elektronisch gesteuerte Lastschaltgetriebe ab, so daß ZF die Serienfertigung nicht aufnahm und lediglich 15 Exemplare auslieferte. In der Not entwickelte Schlüter für alle Typen bis 200 PS eine eigene zweistufige Lastschaltung. Nachdem man sich in der Vergangenheit als Spezialist für besonders starke Schlepper einen Namen gemacht hatte, fielen bis 1990 alle Schlepper mit mehr als 200 PS aus dem Programm. Schuld daran war die Tatsache, daß ZF auch die Produktion des in diesen Typen verwendeten Getriebes aufgrund der geringen Nachfrage einstellte. Die verbliebenen Schlepper der Baureihen Compact (90 bis 130 PS), Super (125 bis 185 PS) und Super Trac (165 bis 200 PS) profitierten hingegen von zahlreichen Verbesserungen. Nach außen hin fallen vor allem die weit herunterreichenden Kotflügel (ab 1990, Super Trac ab 1988) ins Auge, die ein Verschmutzen der Türen und der Trittstufen wirkungsvoll verhinderten.

Auf der Suche nach einem Partner war Dr. Schlüter bereits 1985 auf den Stuttgarter Daimler-Benz-

Die ab 1990 ausgelieferten Standardschlepper waren an den weit heruntergezogenen Kotflügeln zu erkennen. Hier ein 105 PS starker Compact 1050 V6 mit Lastschaltung

Konzern gestoßen. Man hoffte, den Super Trac als Ergänzung zum MB-trac über die Unimog-Generalvertretungen verkaufen zu können und baute 1987 eigens einen Super Trac mit 185 PS starkem Daimler-Benz-Motor und der gelb-grünen Lackierung des MB-trac auf. Daimler-Benz hatte sich jedoch inzwischen dazu entschlossen, den MB-trac aufzugeben und stand nicht mehr als Vertriebspartner zur Verfügung. Der Rückzug der Stuttgarter aus dem Geschäft war vor allem die Konsequenz daraus, daß sich Pläne für eine deutsche Landmaschinen- und Schlepperunion, an der sich unter Führung von Daimler-Benz auch die Firmen Claas, Fendt und Schlüter beteiligen sollten, nicht verwirklichen ließen. Daraufhin entschloß sich Schlüter für die Entwicklung des Euro Trac, der die Lücke schließen sollte, die der in einigen Jahren aus dem Markt ausscheidende MB-trac hinterlassen würde. Einerseits war eine solche Neuentwicklung wohl unerläßlich für Schlüter, um sich am Markt behaupten zu können. Andererseits ließ sie sich nur über Grundstücksverkäufe finanzieren. So wurde 1987 die Bewirtschaftung des Gutes Schlüterhof eingestellt. Von den insgesamt 130 Hektar verkaufte Schlüter 80 Hektar als Grünzonen an den Freistaat Bayern mit der Auflage, diese Fläche nicht als Bauland auszuweisen. Die restlichen 50 Hektar wurden unter anderem an die Saaten-Union verpachtet, in deren Händen fortan auch die Ausrichtung der Schlüter-Feldtage lag.

Anfang der neunziger Jahre nahm der Euro Trac konkrete Formen an. Der neuartige Schlepper wies vier An- und Aufbauräume sowie ein hydraulisch verschiebbares und auch ganz abnehmbares Gewicht zur gleichmäßigen Belastung von Vorder- und Hinterachse auf. Den Namen „Euro Trac" hatte Dr. Anton Schlüter im Hinblick auf den zukünftigen europäi-

Der 1993 aufgebaute Bio-Traktor 1700 LS wurde von einem 170 PS starken Vierzylindermotor des Dieselmotorenwerks Schönebeck angetrieben, der für den Betrieb mit Rapsöl, Rapsölmethylester (RME) oder Dieselöl geeignet war. Es blieb bei einem Prototypen

In dieser Form wurden die drei Euro-Trac-Modelle ab 1991 ausgeliefert. Hier präsentieren sie sich auf dem Gut Schlüterhof

schen Markt gewählt. Es sollte zwei Baureihen geben, eine kleine mit Leistungen von 90 bis 110 PS und stufenlosem Kettenwandlergetriebe sowie eine große mit 130 bis 190 PS und ZF-Gruppengetriebe mit Schlüter-Lastschaltung. Auch Typen bis 250 PS waren geplant. Letztendlich entstanden von der kleinen Baureihe nur zwei Prototypen, die großen Typen Euro Trac 1300, 1600 und 1900 gingen hingegen ab 1991 in Produktion. Der Motor war beim Euro Trac in Schräglage unter der Kabine eingebaut und wurde von der MAN bezogen.

Nachdem die Entwicklung des neuen Trac einen Großteil der finanziellen Reserven aufgezehrt hatte, suchte Schlüter nach einem Geldgeber für die Produktion, vor allem aber nach einem Partner für den Vertrieb, da das eigene Netz von etwa 50 Händlern doch etwas grobmaschig erschien. Für eine Zusammenarbeit bot sich der Landmaschinenhersteller Claas an. Dort dachte man an den Bau eines Trägerfahrzeugs auf Basis des Euro Trac, das bei der Ernte mit verschiedenen Geräten bestückt wird und während der übrigen Zeit als normaler Schlepper zur Verfügung steht. Zudem befand sich bei Claas ein stufenloses Getriebe mit Leistungsverzweigung in der Entwicklung, mit dem man einen Euro-Trac-Prototyp aufbaute. Die Firmen Claas und Schlüter planten die Gründung einer gemeinsamen Gesellschaft, doch letztendlich blieb es bei der Absicht.

In diese Zeit fällt auch die Umbenennung des Unternehmens von „Motorenfabrik Anton Schlüter München" in „Traktorenfabrik Anton Schlüter Freising". Der neue Name wurde den Tatsachen viel eher gerecht, schließlich hatte das Unternehmen den Schwerpunkt seiner Aktivitäten in Richtung Entwicklung und Produktion technisch aufwendiger Schlepper verschoben, wobei der eigene Motor allerdings zunächst ein wichtiger Bestandteil dieser Fahrzeuge blieb. Daneben war die Produktion von Stationär- und Einbaumotoren sowie von Aggregaten nach und nach in den Hintergrund gedrängt worden. Neben den aus den Schleppern bekannten Motoren gab es in der Nachkriegszeit ohnehin nur noch die SDL-Baureihe. Diese bestand aus liegenden Einzylindermotoren von 5 bis 16 PS, welche nach dem patentierten Schlüter-Schwenkkammerverfahren arbeiteten. Die letzten Exemplare dieser Baureihe verließen 1977 das Werk, sie hatten am Ende vor allem in Übersee, beispielsweise in Südostasien, einen aufnahmefähigen Markt vorgefunden. Bis in die sechziger Jahre hinein waren in Freising außerdem landwirtschaftliche Maschinen und Geräte produziert worden, genannt seien hier nur die „Silberpflüge", der Häckselaufbau „Schlüter-Aufbaufix" und die Abladevorrichtung „Schlüter-Abladefix".

Mit der Stillegung der mittlerweile veralteten Gießerei und der gleichzeitigen Einstellung der eige-

Ab 1993 wurde der Euro Trac in überarbeiteter Form ausgeliefert. Hier das 200 PS starke Spitzenmodell 2000 LS aus Schönebecker Produktion

nen Motorenproduktion war dann Anfang der neunziger Jahre die Wandlung der „Motorenfabrik" zur „Traktorenfabrik" vollzogen. Mit den bereits fertiggestellten Motoren konnten noch 1993 einige der letzten neuen Super- und Super-Trac-Schlepper verkauft werden. Ersatzweise kamen in den Super-Schleppern MAN-Motoren mit 130, 160 und 190 PS zum Einsatz, die sich von den Kraftquellen der Euro Trac nur durch den stehenden Einbau und die damit verbundenen Änderungen unterschieden. Als Ersatz für den Achtzylinder-Reihenmotor des Super Trac 2200 wurde dagegen ein 210 PS starker Sechszylinder von Liebherr auserkoren. Ab 1993 leisteten die MAN-Motoren in den Baureihen Euro Trac und Super 135, 170 bzw. 200 PS. Letzte „Amtshandlung" der Freisinger Schlüter-Mannschaft war eine Überarbeitung der Euro-Trac-Reihe im Jahre 1993, aber das Ende der Produktion in Freising war bereits beschlossene Sache, nachdem seit 1937 rund 45 000 Schlepper das Werk verlassen hatten.

Diesen Super 1700 LS mit MAN-Motor präsentierte Egelseer 1999 auf verschiedenen Ausstellungen. Unter der neuen Kabine verbargen sich allerdings nach wie vor Vorderachse und Getriebe aus den achtziger Jahren

Nachdem die Umweltschutzbehörden das Fabrikgelände 1991 untersucht und eine neue Kanalisationsanlage, eine neue Frischwasserversorgung und die Beseitigung von Altlasten gefordert hatten, mußte das Fabrikgelände verkauft und bis Mitte 1994 geräumt werden. Da sich Pläne, in unmittelbarer Nachbarschaft der alten Fabrik neue Produktionsanlagen zu bauen, nicht rechtzeitig verwirklichen ließen, schlug Dr. Anton Schlüter der Treuhand eine Verlagerung der Produktion des Euro Trac nach Schönebeck/Elbe vor. Mit einem Motor aus Schönebeck hatte man bereits 1993 den Prototyp eines sogenannten Bio-Traktors auf die Räder gestellt, welcher für den Betrieb mit Rapsöl, Rapsölmethylester (RME) oder Dieselöl geeignet war. Leider ging dieser Schlepper nicht in Serie und auch die Produktion des Euro Trac war nur von kurzer Dauer. In den Jahren 1994 und 1995 entstanden gerade einmal 32 Exemplare, nachdem in Freising 69 Euro Trac hergestellt worden waren.

Als am 17. Januar 1995, dem 80. Geburtstag von Dr. Anton Schlüter, der Produktionsstop des Euro Trac in Schönebeck beschlossen wurde, schien dies das Ende einer traditionsreichen Schleppermarke zu sein. Bald darauf nahm sich aber Herr Michael Egelseer des Schlüter-Erbes an. Er kaufte die verbliebenen Teile auf und errichtete in Aufkirchen bei Erding ein Ersatzteillager. Bei Bedarf fertigt die Firma Egelseer auch Ersatzteile nach, außerdem baut sie seit Ende 1996 komplette Euro-Trac-Schlepper aus vorhandenen Teilesätzen zusammen. Aufgrund der ungebrochenen Nachfrage nach diesem Typ bekundete man zunächst die Absicht, mit den Baureihen „Super" und „Euro Trac" in den Markt für neue Schlepper einzusteigen. Für die Montage der Fahrzeuge richtete das Unternehmen in Langenzenn bei Fürth eine Halle ein und präsentierte sich zudem regelmäßig auf Ausstellungen und Vorführungen. Aufgrund von Schwierigkeiten bei der Beschaffung von Zulieferteilen und des nicht unerheblichen finanziellen Risikos ließ man letztendlich aber doch vom ehrgeizigen Vorhaben einer Kleinserienfertigung ab. Wenigstens bleiben Freunden der Marke die schöne Erinnerung sowie zahlreiche erhaltene und noch im Einsatz befindliche Schlepper, deren professionelle Betreuung vorerst sichergestellt ist.

Sammlung von Eigenbautraktoren

Schätze des Agrarhistorischen Museums in Alt Schwerin

von Claus Ludwig

In Alt Schwerin, einer 500-Seelen-Gemeinde nahe der Stadt Malchow in Mecklenburg, wurde 1963 ein Museum aus der Taufe gehoben, welches auf Betreiben des damaligen Rat des Bezirkes Neubrandenburg als Leitmuseum der Landwirtschaftsgeschichte der drei Nordbezirke dienen sollte. Freilich unter den ideologischen Absichten seiner Zeit entwickelte sich kontinuierlich in relativ kurzer Dauer ein Museum der besonderen Art. Die gut erhaltene Substanz einer alten Gutsanlage zog man ebenso geschickt in die Konzeption mit ein wie die dynamische Metamorphose eines „sozialistischen" LPG-Dorfes und besaß damit ein Agitationsinstrument von nicht zu unterschätzender Effizienz, zumal mit zahlreichen Programmen auch Besucherpotentiale mobilisiert werden konnten, wie z.B. Betriebskollektive, Schulklassen und Organisationen, die heute in der Statistik eher eine untergeordnete Rolle spielen.

1989, im letzten Jahr der DDR, verzeichnete das Museum einen Besucherrekord mit 84 000 Personen (1990 waren es vergleichsweise nur noch 39 000!). Bis zum Jahr 2000 stiegen die Besucherzahlen allmählich wieder an und liegen jetzt um die 50 000. Dies hängt zweifellos auch mit der Tatsache zusammen, daß zunehmend Touristen und Kulturreisende aus den alten Bundesländern sowie aus Westeuropa den (lohnenswerten) Weg in den einst vermeintlich „finsteren Osten" finden. Das Museum Alt Schwerin hat sich darauf eingestellt.

Von Anfang an richtete sich das Haus auf die Sammlung landwirtschaftlicher Technik der Epoche der Gutswirtschaft, resp. industrialisierte Landwirtschaft (bis 1945) sowie die DDR-Landwirtschaft aus. Und das war gar nicht so einfach!

Für den Neuerwerb von Exponaten stand de facto einzig und allein das Staatsgebiet der DDR zur Verfügung. Bescheidene Versuche, vom reichen Kuchen der sozialistischen Bruderländer zu naschen, scheiterten meist kläglich. Spektakulär, aber am Ende glücklich, gestaltete sich eine „Nacht-und-Nebel-Aktion" in den Siebzigern, als ein Traktor des Typs U 2 (Baujahr 1949), eine sowjetische Mc Cormick-Lizenz, aus Estland (damals noch SU) in das Museum überführt wurde. Dieser „Vorfall" hätte beinahe die brüderlichen Beziehungen mit dem russischen Volk beeinträchtigt.

Seit den siebziger Jahren zogen verstärkt marodierende Kohorten des Devisenbeschaffers Schalck-Golodkowski über das Land und schwätzten den Bauern so ziemlich alles ab, was sich zu harter Währung machen lies oder zumindest danach roch. So gelangte mancher Lanz-Bulldog, manche Lokomobile und vieles an alter Technik gegen D-Mark in den Westen, was wiederum dazu beitrug, daß sich die DDR noch ein Weilchen länger über Wasser halten konnte. Allein, wie so oft, blieb für das eigene Volk und seine Museen letztendlich nicht mehr allzu viel übrig. Im Gegenteil: Selbst die gestandenen Museen mußten Federn lassen, wenn es dem „Schalck-Imperium" gefiel. Der Autor erkannte vergangenen Jahres zwei exquisite Lanz während eines Traktorentreffens in einem renommierten Freilichtmuseum des Westens wieder, die ursprünglich einmal zur stolzen Schlepperflotte des Alt Schweriner Museums gehörten – rechtmäßig erstanden, wie ihm glaubwürdig versichert wurde.

Ein weiteres Hindernis, das sich der Vermehrung der landwirtschaftlichen Techniksammlung in den Weg stellte, war der permanente Rohstoffmangel, der die dubiosesten Blüten trieb. Jeder Betrieb, so auch die LPG'n, hatten der geplagten Volkswirtschaft Alteisen zuzuführen. Die Erfüllung des „Schrottplanes", dem sogar Handwerksbetriebe unterworfen waren, besaß oberste Priorität, was dazu führte, daß vielerorts wahnwitzig mitunter sogar neuwertige Maschinen auf dem Altar Günter Mittags geopfert wurden. Da blieben selbstredend alte Traktoren und sonstige Fahrzeuge erst recht nicht verschont. Rettung gab es nur, wenn – Ironie der Geschichte – der Nachweis des dringenden Bedarfs zur Aufrechterhaltung der Produktion erbracht werden konnte. In einigen Fällen haben sich Enthusiasten beherzt und schützend vor ein Zeugnis der Produktionsgeschichte gestellt, indem sie es regelrecht tarnten. Auf diese

Weise blieb z.B. eine stationäre Dampfmaschine in einem Hagenower Sägewerk der Nachwelt erhalten. Andere wieder haben sich mehr oder weniger legal Ersatzteile, Motore usw. und sogar komplette Maschinen vom Schrottplatz zurück geholt, um daraus wieder etwas Brauchbares zu machen oder um sie zu bewahren.

Unter diesen Umständen kann man es dem ersten Direktor des Museums, Herrn Dr. Schreiner, nicht hoch genug anrechnen, daß es ihm – auch dank seiner Connection – gelang, wenigstens dieses und jenes gute Stück vor dem Martin-Ofen zu bewahren.

Der allgemeine und kontinuierliche Mangel vor allem an leistungsfähigen Traktoren gestattete kaum den Privatbesitz solchen „Goldstaubes", wie der Fehlbedarf gern scherzhaft genannt wurde. Die meisten LPG-Bauern besaßen selbst noch ein kleines Stück Land, einen Garten oder nutzten sogenannte Splitterflächen überwiegend zum Anbau von Futtermitteln für das individuelle Schwein, die Kaninchen, den gackernden Italienermischmasch oder die Schar Pommerngänse. Die private „Feierabend"-Tierproduktion war äußerst lukrativ, denn sie sicherte den Landleuten dank stattlicher Subventionen einen achtbaren Wohlstand. Allerdings war dieses Engagement für die „zusätzliche Versorgung der Bevölkerung" auch mit großzügigem Verzicht auf Freizeit verbunden, was aber kaum zur Kenntnis genommen bzw. ignoriert wurde – Workaholics eben.

Glücklich, wer sich erfolgreich den Aufkäufern widersetzte und den alten Deutz aus Vaters Erbmasse für sein Handtuchfeld nutzen konnte. Ein König auch, der einen RS 01/4 „Pionier" sein Eigen nannte, geschickt gerettet vor dem Schrottplan. Was aber, wenn noch nicht einmal ein 1-PS-Hafermotor in Form eines Haflingers zur Verfügung stand und „Ausleihe" eines Typentraktors der LPG nach Feierabend aus verschiedenen Gründen versagt blieb? Diese Frage stellten sich vom Thüringer Wald bis Rügen, von der Magdeburger Börde bis in die Lausitz unzählige Freizeitbauern. Völlig untauglich der Versuch, konventionelle Fahrzeuge für den Ackerbau einzusetzen, z.B. in Waren/Müritz, wo ein Hobbybauer (im Alltag Ingenieur) seinen soeben und nach etlichen Jahren Wartezeit erworbenen PKW „Skoda 105", seinerzeit ein Fahrzeug der gehobenen Mittelklasse, vor den Pflug spannte, worunter nicht allein und unwiederbringlich das Getriebe litt – so geschehen 1982! Die Suche nach brauchbaren Alternativen trug verstärkt seit Ende der sechziger Jahre, als das Wirtschaftskonzept der DDR zunehmend aus der Bahn geriet, entschieden dazu bei, daß enorme kreative Potentiale freigesetzt wurden. Allerorten und völlig unabhängig von einander entwarfen und bauten Leute aus den unterschiedlichsten Berufen Maschinen, Geräte und Fahrzeuge, die im Alltag und in der Freizeit fehlten, weil kaum zu kaufen, und die doch sehr wichtig für ein erhabenes Maß Lebensqualität waren. Neben Eigenbau-Heimwerkermaschinen (Drechslerbänke, Kreissägen, Drehbänke usw.) entstanden unzählige Rasenmäher, Betonmischer... und, wie kann es anders sein, Eigenbau-Traktoren. Besonders Letztere dokumentieren eine unglaublich hohe Kreativität, die sich kurioser Weise allein durch den Mangel entfaltet hat bzw. entfalten konnte. Dabei waren die wenigsten der Schöpfer Ingenieure oder Techniker, allenfalls Landmaschinenschlosser. In der Regel waren es Menschen, die das Angenehme mit dem Nützlichen zu verbinden wußten: Basteln, Tüfteln, Freizeitspaß – Ersatzlösung, Selbsthilfe, Zusatzeinkommen. Rastlos grasten sie Schrottplätze und wilde Müllkippen, die es überall gab, ab, tauschten und feilschten wie in Schwarzmarktzeiten, „organisierten" über „Beziehungen" und manchmal half die Oma, ein wichtiges Teilchen aus dem Westen zu besorgen. Gelegentlich nützten die freundschaftlichen Verbindungen zur Sowjetarmee oder die Mitgliedschaft in den Kampfgruppen der DDR, um das Werk gedeihen zu lassen. Die Konstruktionszeichnung befand sich im Kopf, oder bestenfalls bestand sie aus einer Handskizze. Wer einen Traktor bauen wollte, hatte in der Regel lediglich ein Phantombild vor Augen und vielleicht einen alten AWO-Motor in der Garage. Der Rest ergab sich operativ: eine Moskwitsch-Achse, ein altes Opel-Getriebe, Räder vom Framo, Lenkrad vom Trabant, Profilstahl aus dem VEB „Karl Liebknecht"... und als krönende Zierde vielleicht der geklaute Luxusstern vom Westbesuch des Nachbarn (eine böse Unterstellung des Autors, die er niemals belegen kann).

Kurz: Die Zahl der in der DDR (von 1949 bis 1989) kreierten Eigenbautrecker, -schlepper und -transporter wird aufgrund ihrer imaginären Größe niemals zu ermitteln sein. Hingegen sind vergleichbare Produkte im Westen unseres wiedervereinten Vaterlandes sicher die Ausnahme und eher die belächelten Ergebnisse der exzentrischen Traktorenfreaks mit viel Zeit und Sinn für Nonsens. Realistisch betrachtet dürfte ein Eigenbautraktor in der alten Bundesrepublik wohl in die Rubrik „verrückter Freizeitspaß" einzuordnen sein, denn bei einigermaßen gutem Willen konnte sich auch der kleinste Bauer einen kleinen Allgaier, Fahr oder Kramer beschaffen. In der DDR war das aussichtslos, zumal es (abgesehen von einem begrenzten Import aus Rumänien oder der CSSR, der staatlichen Gärtnereien vorbehalten war) keine Kleintraktoren im Ostblock gab. Einen ZT 300 aus DDR-Produktion, einen russischen MTS oder einen tschechischen Zetor erwerben zu wollen, war nicht nur schlichtweg illusionistisch, sondern auch größenwahnsinnig. Also war der Eigenbau eines Kleintraktors nicht bloß die Alternative, sondern auch eine Art Trotzigkeit, das „Ihr-könnt-mich-mal" des gelernten DDR-Bürgers. Mit Geist, Witz, Phantasie und einer gehörigen Portion Optimismus konnte letzterer sein Leben in der DDR erträglicher und sogar ausgeglichner gestalten – Tugenden, die manchem Zeitgenossen leider schon wieder verloren gegangen sind. Der Eigenbautraktor stellt sozusagen einen Höhepunkt, ja das Nonplusultra in der Äußerung dieser Mentalität dar. Als Relikt seiner Zeit ist er heute ein Exponat, welches kaum eindrucksvoller die Lust am Leben „unter erschwerten Bedingungen" widerspiegelt und den Stolz seiner ehemaligen Besitzer vorführt.

1997 initiierte das Agrarhistorische Museum Alt Schwerin eine Sonderausstellung mit dem Titel „Erfindergeist und Kreativität in der Mangelwirtschaft". Dieser voraus ging ein Aufruf, man möge doch die selbstkonstruierten und -gebauten Dinge nicht einfach auf den Sperrmüll (wo sie tatsächlich mit der anbrechenden Wohlstandsgesellschaft seit 1990 landeten) werfen. Die Resonanz war phänomenal! Das Museum erreichten Angebote aus dem gesamten Gebiet der ehemaligen DDR und sogar aus Niedersachsen und Schleswig-Holstein, wohin ehemalige „Ossis" ihre Eigenbauten selbstbewußt mitgenommen hatten, weil sie sich einfach nicht davon trennen wollten. Schließlich trug eine Fernsehsendung dazu bei, daß selbst aus dem fernen Thüringen

Kleintraktor

Rahmen: Eigenkonstruktion, **Vorderachse:** K 30 (Phänomen), **Hinterachse:** SIL (russischer LKW), **Motor:** Verdampfer, Kunewalde, 6 PS, **Getriebe:** 1.) Trabant; 2.) Multicar, **Erwerb:** Rostock, 1996 nicht betriebsfähig

Mähmaschine

Rahmen und Vorderachse: Eigenkonstruktion, **Hinterachse:** PKW Moskwitsch 407, **Mähbalken** (abklappbar): Fortschritt 1109, **Motor:** Einzylinder-Diesel, Melkmaschine, DDR, **Getriebe und Kupplung:** Mähdrescher E 175, **Bremse:** Scheibenbremse (!), **Anlasser:** Kraftstrommotor (!), **Erwerb:** Faulenrost (LK Demmin), 1996
Die kraftvolle Maschine ist für den Zug geeignet und kann Gräben bzw. Hänge bearbeiten.
betriebsfähig

Anrufe eintrudelten: „Wir haben da noch so einen selbstgebauten Rücketraktor, mit dem wir noch kürzlich den Windbruch des letzten Winters bewältigten…"

Der Eigenbau-Rücketraktor auf AWO-Basis hat das Museum leider nie erreicht, was vielleicht auch in Ordnung ist, denn er gehört nach Thüringen und gelangte hoffentlich in die richtigen Hände. Dafür sind (ungeplant) eine ganze Reihe der wunderlichsten Gefährte eingegangen bzw. abgeliefert worden, mit denen zunächst keiner so recht wußte, wie damit umzugehen ist. Fest stand: Jedes dieser ominösen Objekte ist ein Unikat – weltweit! Sie gibt es nicht ein zweites Mal! Wer, wenn nicht wir, die Mitarbeiter eines Museum, welches sich der (leider noch nicht ganz) relevanten DDR-Geschichte widmet, ist prädestiniert, die auserlesenen Meisterstücke einer nicht zu verleugnenden Epoche zu repräsentieren? Das klingt zwar maßlos arrogant, ist aber nicht mehr als ein gerüttelt Maß Identitätsbewußtsein des einstigen DDR-Bürgers, der, ob er nun wollte oder nicht, in einem System lebte, aus dem die Flucht ohne Lebensgefahr nur in seine Freiräume angebracht war. Zu jenen gehörte ohne Zweifel nicht zuletzt auch der Eigenbautraktor, so kurios das klingen mag. Keine SED, die sonst fast alles im Lande reglementierte, schrieb dem Hobby-Ingenieur vor, wie und woraus er seinen kleinen Trecker zu bauen hatte. Keine Stasi observierte argwöhnisch die nächtlichen Bastelstunden in der Garage oder auf dem Hinterhof. Die Polizei achtete eher darauf, daß kein volkseigenes Material Verwendung fand, als auf das friedliche Tuckern der Motor-Mulis über holprige Dorfstraßen (ein Szenarium, das heute unweigerlich Bußgeldbescheide nach sich ziehen würde). Auch Parteisekretäre, Abschnittsbevollmächtigte und Stasispitzel hielten Hühner oder Schweine und bauten sich, sofern sie dazu imstande waren, einen Minischlepper. Die Staatsoberen schauten, wenn sie's denn überhaupt registrierten, dem illustren Treiben gelassen zu. Schließlich bedeuteten die Basteleien ein Frust-Ventil, und vielleicht sprang nebenbei auch noch eine kleine Erfindung zu Gunsten der Volkswirtschaft dabei heraus. Da wurde auch kein Problem daraus gemacht, wenn die Erbauer nicht allein ein reines Nutzfahrzeug haben wollten, sondern den Acht-km/h-Traktor als einen Möchtegern-Mercedes resp. -porsche mit allerlei Zierrat, Chrom und Messing hochstylten – ein Umstand, der sonst z.B. bei einem zugelassenen Trabant als „westliche Dekadenz" verurteilt wurde, was manchen Driver einer „überdachten Zündkerze" trotzdem nicht davon abhielt, den Trabi-Kühlergrill im BMW-Outfit zu gestalten.

Nun, das Museum sah sich innerhalb kurzer Zeit im Besitz einer ansehnlichen Flotte von Eigenbautraktoren und -motorpflügen, die ursprünglich nur für eine Sonderausstellung vorgesehen waren, darunter nur einer, der sich bereits, wohl mehr exemplarisch, seit Anfang der neunziger Jahre im Fundus befand. Was lag also näher, als die Denkmäler der Mangelkreativität im „real existierenden Sozialismus" zum exklusiven Sammelgebiet zu erklären? Nach anfänglicher Skepsis im Team wuchs zunehmend nicht nur die Akzeptanz, sondern es entbrannte schließlich ein bis heute ungebrochenes Jagdfieber auf Eigenbauten. Bis dato erbeuteten die Mitarbeiter insgesamt 19 Prachtexemplare – Geschenke, Spenden, Ankäufe und auch Funde. Zu Letzteren sei kurz eine Begebenheit aus 1997 geschildert: Auf der (genehmigten) Suche nach Kulturgütern im Gelände einer Warener Recycling-Firma stieß der Autor auf einen Schrottberg, dessen Spitze einen unübersehbaren Eigenbautraktor zierte. Dieser blickte etwas traurig drein, denn der unbarmherzige Schrottbagger hatte bereits das schöne Blechkleid zerknüllt. Offensichtlich war aber das Herz, ein Wartburg-Motor, noch recht gesund. Der Deal wurde schnell abgewickelt. Heute gehört der Trecker – von einer Beschäftigungsgesellschaft sauber restauriert – zu den Spitzenexponaten in der Reihe der Kleinodien individueller ostdeutscher Traktorenbaukunst.

Leider verfügt das Museum derzeit nicht über ein geeignetes Gebäude, um die Unikate dauerhaft und museal korrekt der Öffentlichkeit vorzuführen. Sie hätten es wahrlich verdient! Für kurze Zeit nur sind sie in einem historischen Kleinbahnlokschuppen des Museums provisorisch aufgereiht, eine Notlösung, die nicht befriedigen kann. So bleibt also zunächst nur die bildliche Darstellung in diesem Buch, vielleicht auch als gesundes Äquivalent zu einem Werk, das 2000 erschien und das sich sehr interessant, aber in anderer Weise, den legendären Eigenbauten widmet. Im Folgenden soll das Ensemble der Alt Schweriner Eigenbautraktoren defilieren. Die einzelnen Gefährte bleiben weitestgehend unkommentiert. Soweit die Daten und Parameter recherchiert bzw. dokumentiert werden konnten, sind diese aufgeführt (hierbei können Versäumnisse leider nicht verhehlt werden). Da in einigen Fällen die Erbauer ungenannt bleiben wollen (obwohl sich wirklich keiner zu schämen bräuchte), wird mit Respekt gänzlich auf die Nennung von Namen verzichtet.

Es darf als gesichert gelten, daß sich die Sammlung auch nach zwölf Jahren deutscher Einheit noch erweitern wird. Allerdings wird das Angebot deutlich geringer. Viel ist bereits unachtsam oder auch voreilig vernichtet worden. Aber auch ein ganz anderer Trend ist erkennbar: Eigenbauten kommen wieder in Mode bzw. werden noch (oder wieder) gebraucht! Die schier unverwüstliche Technik der alten Schule erlaubt noch den simplen Eingriff mit einem Schnürsenkel, einer Drahtschlinge oder einer Feder aus dem Kugelschreiber. Hingegen bleibt beim Defekt am Hight-tech-Rasentraktor unserer Tage lediglich der ruinierende Gang zur Spezialwerkstatt.

Als der Autor an einem der wenigen Sonnentage des Juni 2001 fotografierte, gesellte sich ein älterer Herr dazu. Es entwickelte sich spontan (etwa) folgendes Gespräch: „Das sind alles Eigenbauten…!" Der Herr (müde lächelnd): „Hab' selbst noch einen…" Autor: „Der müßte doch ins Museum…?" „Wohl kaum, ich arbeite doch noch damit auf meiner kleinen Landwirtschaft nebenbei…" Autor: „Aber wenn er nicht mehr gebraucht wird…?" Herr: „…Das ist bestimmt noch sehr lange hin!" … Der Mann kam aus einem Dorf in der Nähe von Ludwigslust, Westmecklenburg.

Mähmaschine

Gestell und Mähwerk: HELLA,
Motor (nur Antrieb für Mähwerk): EL 150 (Einheitsmotor für verschiedene Aggregate),
Erwerb: Faulenrost (LK Demmin), 1996
Die Maschine hatte keinen eigenen Mobilantrieb und wurde von einem Traktor oder durch die mobile Mähmaschine (ebenfalls Faulenrost) gezogen.
bedingt betriebsfähig

Kleintraktor

Rahmen / Fahrgestell: Eigenkonstruktion,
Achsen / Getriebe: Multicar,
Motor: Zweizylinder-V, RS 09,
Besonderheiten: Sitz und Rückleuchten Mercedes, Drehstromlichtmaschine, Warnblinkanlage, Sitzheizung, Suchscheinwerfer
Der Traktor wurde 1991 aus Meyenburg (Brandenburg) als erster Eigenbau des Museums im Tausch gegen einen Serien-Kleintraktor erworben.
betriebsfähig

Kleintraktor

Vorderachse: Opel P 4,
Hinterachse: Moskwitsch 07,
Motor: Trabant 601,
Getriebe: 1) Winkelgetriebe Kartoffelkombine,
2) K 30 (Phänomen),
Lenkung: K 30 mit Hydraulik (!),
Restaurierung: ABS Parchim, 1998
betriebsfähig

Kleintraktor

Vorder- und Hinterachse: Moskwitsch 407, **Rahmen:** Knicklenker, Eigenkonstruktion, **Motor:** Motorroller „Wiesel", 125 cm³, **Antrieb / Getriebe:** Motorgetriebe, Zwischengetriebe Moskwitsch 407 (Allrad !), **Lenkrad:** Wartburg 353, **Sitz:** Trabant, **Erwerb:** Ankauf Goldberg (LK Parchim), **Restaurierung:** ABS Parchim, 1997
nicht betriebsfähig

Kleintraktor

Rahmen/Vorderachse: Eigenkonstruktion,
Hinterachse: Moskwitsch 408,
Motor: Motorroller „Troll", 150 cm^3,
Getriebe/Lenkung: Moskwitsch 408,
Auspuff: Kleinroller „Schwalbe",
Erwerb: Lapitz (LK Müritz), 1995
bedingt betriebsfähig

Kleintraktor

Rahmen / Vorderachse: Eigenbau, **Hinterachse:** unbekannte Herkunft, **Getriebe**, 2x: unbekannte Herkunft, **Motor:** EL 308 (Einheitsmotor, mobile Beregnungsanlage), **Sitz:** Touren-AWO, **Auspuff:** Touren-AWO, **Frontgewichte:** ZT 300, **Besonderheiten:** Hydraulische Ackerschiene mit Häufelgerät, **Erwerb:** Spornitz (LK Parchim), 1996
bedingt betriebsfähig

Traktor (Rekonstruktion)

Achsen, Blockfahrgestell, Getriebe, Lenkbock und Ölwanne: Hanomag WD, **Motor:** Deutz Verdampfer (mit repariertem Frostschaden), **Antrieb:** Winkelgetriebe, **Erwerb:** Jarmen (LK Demmin), 1995, **Restaurierung:** Museum Alt Schwerin
Der Traktor ist ein eigenwilliger Umbau nach Totalschaden des original Hannomag-Motors.
betriebsfähig

Kleintraktor

Rahmen: Eigenkonstruktion,
Hinterachse: LKW LO 2000,
Vorderachse: verkürzt, K 30 „Phänomen",
Motor: Wartburg 353,
Getriebe: 1) FRAMO, 2) K 30,
Sitz: W 50,
Lenkrad: Wartburg 353,
Kühlergrill: Haube vom MTS in Vertikalstellung,
Erwerb: Recycling (SERO) Waren, 1996,
Restaurierung: ABS Parchim
Der Traktor besitzt eine hydraulische Ackerschiene. Er war eigentlich ein „hoffnungsloser Fall" auf dem Schrottplatz.
betriebsfähig

Kleintraktor

Dreirad, Vorderteil: Touren-AWO 425 (Motorrad), **Hinterachse:** sowjetischer Geländewagen GAZ, **Getriebe:** 1) AWO, 2) K 30 (Phänomen), **Erwerb:** Plate (LK Ludwigslust), 1994, Ankauf
bedingt betiebsfähig

Motorpflug

Rahmen: Eigenkonstruktion, **Getriebe und Differenzial:** Kartoffelroder „Kuxmann“, **Antrieb:** über Zwischenlager direkt auf Differenzial, **Motor:** Motorroller „Tatran“, 125 cm^3, CSSR, **Erwerb:** 1996
nicht betriebsfähig

Motorpflug (einachsig)

Gestell, Räder und Differenzial: Kartoffelrodemaschine Lanz,
Motor: Motorrad Touren-AWO 45,
Geriebe: Motorrad Touren-AWO 45,
Kühlung: elektrische Luftkühlung aus Heizungsgebläse,
Erwerb: Altenhof, 1998
Anbaugeräte (Pflug)
bedingt betriebsfähig

Motorpflug (einachsig)

Fahrgestell: Eigenkonstruktion,
Antrieb und Differenzial: Eigenkonstruktion (!),
Motor: Kleinroller „Schwalbe“,
Räder: Motorroller „Berlin“,
Tank: Bootsmotor „Tümmler“,
Erwerb: Schenkung, Möllenhagen (LK Müritz), 1999
nicht betriebsfähig

Häufelpflug

Grundgerät: Häufelpflug (VEB Bodenbearbeitungsgeräte Leipzig), Bj. 1954, **Antrieb:** zusätzlicher Anbau, Eigenkonstruktion, **Motor:** Moped SR 2, **Kühlung:** Kleinroller „Schwalbe“, **Tank:** SR 2, **Erwerb:** Spornitz (LK Parchim), 1997
nicht betriebsfähig

Kleintraktor

Rahmen / Vorderachse: Eigenkonstruktion,
Hinterachse: Gabelstapler,
Motor: Trabant 601,
Getriebe (nur eines !): K 30 „Phänomen",
Lenkung: Multicar,
Sitz: W 50,
Lenkrad: Wartburg 353,
Erwerb: Ankauf Parchim, 2000
Der Traktor hat ein professionelles Design, ist aber nur als schneller Straßenschlepper konzipiert.
betriebsfähig

Motorpflug

Rahmen: Holzkonstruktion, **Antriebseinheit:** Rad von Mähbinder (Herkunft unbekannt) mit Transmissionsrad, **Motor:** Sachs-Mähbinder, **Lenkung:** Pinne (wie Bootsruder) über Spornrad aus Holz, **Tank:** Gurtkasten MG (2. WK), **Erwerb:** Schenkung Karow (LK Parchim), 1999
Wahrscheinlich ältester Eigenbau im Bestand des Museums, um 1946; wird von den Mitarbeitern scherzhaft „Römischer Kampfwagen" genannt.
Nicht betriebsfähig

Einachsschlepper

Fahrgestell: Eigenkonstruktion und Achse rumänischer Elektrokarren,
Motor: Motorroller „Berlin“, 150 cm³,
Getriebe: Heuwender,
Erwerb: Schenkung Möllenhagen, 2000
betriebsfähig

Traktor

Rahmen: Eigenkonstruktion, **Vorderachse:** „Dieselameise“, **Hinterachse:** sowjetischer Jeep „GAZ“, **Motor:** Zweizylinder-V, GT (RS 09), **Motorhaube:** rumänischer ARO (Geländewagen), **Grill:** Maschendrahtzaun, **Bremse:** Feststellbremse, wirkt äußerlich auf Hinterreifen, **Getriebe und Lenkung:** Multicar, **Hinterräder:** Anhänger, 10 t, **Lenkrad:** Wartburg 311, **Tank:** Trabant 601, **Erwerb:** 1998
betriebsfähig

World Tractor Trial 1930 in England

von Michael Bach

Seit Mitte der zwanziger Jahre wurde in Deutschland, England und in den Vereinigten Staaten das Prüfwesen für Traktoren und Landmaschinen, zumeist an Universitäten mit einem Lehrstuhl für Landtechnik, zielstrebig ausgebaut. In Deutschland gingen die Vergleichsprüfungen, von der DLG durchgeführt, zwar bis in die Zeit vor dem Ersten Weltkrieg zurück, jedoch wurden die von der Industrie gelieferten Maschinen nun auf wissenschaftlicher Grundlage auf Prüfständen für Motoren, Getriebe usw. exakt gemessen, die Leistungsangaben der Hersteller überprüft und die Arbeitsverhältnisse und -leistungen in Labors und im praktischen Einsatz in objektiven Meßverfahren ermittelt. In Deutschland arbeiteten die Hochschulen dabei weiterhin eng mit der DLG sowie mit dem RKTL zusammen. So entstand 1928/29 in Potsdam-Bornim das berühmte Schlepper-Prüffeld nach dem Vorbild des damals bereits als beispielhaft geltenden Prüffeldes in Lincoln, USA, auf dem die bekannten „Nebraska-Schlepper-Tests" stattfanden (und bis heute stattfinden). Entscheidende wissenschaftliche Forschungen auf dem Sektor der Schleppertechnik wurden so im Zusammenspiel von Ingenieurwissenschaften und praktischer Landwirtschaft vorgenommen und Erkenntnisse gewonnen, die bis auf den heutigen Tag gültig sind.

Auch in England, seit Mitte des 19. Jahrhunderts führender Standort der Landmaschinen-Industrie, befand sich das Prüfwesen, getragen von der renommierten Royal Agricultural Society, auf einem hohen Niveau. So kam es im Juni 1930 zu der berühmt gewordenen Welt-Schlepper-Prüfung in Wallingford,

Kein Teilnehmer, aber ein potentieller Sieger: Hanomag WD

Überlegener Sieger: der 15/30 PS Kühler-Bulldog HR 5

nahe Oxford, einem Großversuch mit internationaler Beteiligung: etwas Vergleichbares hatte es bis zu diesem Zeitpunkt nicht gegeben. Allerdings: die deutschen Hersteller nahmen die Sache zunächst nicht ernst! Was sollte ihnen auch so eine Geschichte auf der Nebelinsel mit ihren fernen Agrar-Kolonien (die man selber ja gerade erst endgültig verloren hatte) in Übersee!

Als jedoch klar wurde, daß die Amerikaner mit einer Vielzahl von Maschinen, die mittlerweile auch in Deutschland und auf dem europäischen Kontinent, einem wichtigen Exportmarkt für die deutsche Industrie, bekannt geworden waren, nach Oxford gehen würden, änderte sich das Meinungsbild hierzulande schnell. Wie wir sehen werden, endete die Welt-Prüfung schließlich mit dem beeindruckenden Sieg eines deutschen Schleppers, ein Ergebnis, das gar nicht hoch genug bewertet werden konnte. Heute wäre es von allergrößtem Interesse, wie der Hanomag WD, der sich damals gerade auf seinem Entwicklungshöhepunkt befand, in der Weltprüfung bestanden hätte – wenn man ihn denn hingeschickt hätte! Man kann sich durchaus vorstellen, daß man in Hannover über die Entscheidung, nicht nach England zu gehen, im Nachhinein, angesichts der veröffentlichten Ergebnisse, nicht sehr glücklich war. Ein Erfolg, der bei der Klasse des Schleppers wahrscheinlich gewesen wäre, hätte der Hanomag sicher zu dringend benötigten höheren Verkaufszahlen verholfen.

Der veröffentlichte Prüfbericht des World Tractor Trial enthielt sich jeglicher Wertung.

Objektive Messungen sollten lediglich ermitteln, welche Leistungen von einem bestimmten Schlepper erbracht wurden. Der Landwirt sollte auf Grund der Meßergebnisse selber entscheiden, welche Maschine für ihn am besten geeignet war.

Ermittelt wurden die Riemenscheiben- und die Zughakenleistung, so wie es in den anglo-amerikanischen Ländern üblich war. An dieser Stelle muß einmal mehr auf die Bedeutung der Form der Leistungsangabe hingewiesen werden, die noch heute immer wieder mißverstanden wird und zu ganz abwegigen Interpretationen führt. Nehmen wir das Beispiel des teilnehmenden Lanz Bulldogs HR 5, auch als 15/30-PS-Bulldog bezeichnet. Diese PS-Angabe sagt folgendes: 15 PS am Zughaken, 30 PS an der Riemenscheibe. Alle anderen Deutungen (etwa: „Leistung von 15 bis 30 PS) oder auch Schreibweisen (15-30 PS) sind schlicht falsch.

(Allerdings gilt dies allein für die Bulldogs 15/30, 22/38 und 12/20. Beim HR 2 Groß-Bulldog 22/28 PS hat die gleichlautende Angabe eine völlig andere Bedeutung, auf die hier aber nicht eingegangen werden kann.) Und natürlich gelten diese Ausführungen für sämtliche anderen Schlepper des Trials – die anglo-amerikanische Praxis hatte sich weltweit durchgesetzt.

Die Leistung an der Riemenscheibe wurde mit Hilfe eines Pendeldynamos ermittelt. Dabei wurden die Maschinen in folgender Weise belastet:

- 1 h unter Normal-Last
- je 15 min unter Dreiviertel-, Halb-, Viertel- und ohne Last.

- Reglerprüfung (plötzliche Veränderung der Last):
  a) von Vollast auf halbe Last
  b) von halber Last auf Vollast
  c) von Leerlauf auf halbe Last
  d) von Halblast auf Leerlauf.
- 1 h unter der maximalen Last, die ohne Drehzahlabfall erzielt werden konnte.

Vor dieser Versuchsreihe durften die Maschinen 15 Minuten warmlaufen. Bei sämtlichen Prüfungen wurde der Kraftstoffverbrauch ermittelt.

Zur Messung der Zughakenleistung wurde ein Dynamometer-Wagen angehängt, mit dem die Last beliebig verändert und gleichzeitig die Leistung gemessen werden konnte.

Bei uns weitestgehend unbekannt: Rushton mit Benzin- ...

Jeder Teilnehmer mußte im Dauereinsatz einen achtstündigen Arbeitstag auf dem Acker absolvieren. Danach wurde die Höchstleistung am Zughaken in den einzelnen Gängen ermittelt. Diese Versuche fanden auf einer gemähten Wiese statt. Bei einigen Schleppern mußten Radverbreiterungen angebracht werden, um die Höchstleistung zu erreichen – ein legitimes Mittel.

Einer der interessantesten Aspekte war (und ist es bis heute) die Tatsache, daß unter den Teilnehmern Vertreter aller drei Motorgattungen waren: mit Vergasermotoren für Benzin oder Petroleum (13), Dieselmotoren (4) und Glühkopfmotoren (4). Unter den deutlich überwiegenden Maschinen mit Vergasermotoren waren die Amerikaner zwar in der Minderzahl, in der Bedeutung allerdings lagen sie in dieser Kategorie vorn. Folgende Maschinen unterzogen sich den Prüfungen:

Deutschland: Lanz 15/30 PS Acker-Bulldog HR 5 (Glühkopf), Linke-Hoffmann-Busch Raupenschlepper „Rübezahl" (Benzin), Mercedes Benz OE (Diesel)

England (einschl. Irland und Kanada): Aveling & Porter (Diesel), Blackstone (Diesel), Fordson Modell N (Petroleum), Massey-Harris (Benzin), Marshall 15/30 (Diesel), Mc Laren (Diesel), Peterbro (Petroleum), Rushton (Benzin), Vickers (Petroleum)

Frankreich: Austin (Benzin), Citroen-Kegresse (Benzin), Latil (Benzin)

... und Peterbro mit Petroleum-Vergasermotoren

Schweden: Munktells 15/22 und 20/30 (beide Glühkopf)

Ungarn: Hofherr-Schrantz-Clayton-Shuttleworth K 35 (Glühkopf)

USA: Case Modell C, IHC Farmall, 12/20 und 15/30 (alle Petroleum).

Es kann hier nicht auf alle Prüfungsergebnisse sämtlicher teilnehmenden Maschinen eingegangen werden. Es wird jedoch auf Anhieb deutlich, daß die meisten zu den Spitzenerzeugnissen ihrer Ära gehörten. Wir werden uns auf die deutschen Teilnehmer und auf diejenigen ausländischen Schlepper beschränken, die auch in der deutschen Landwirtschaft zu einiger Bedeutung gelangten sowie auf zwei Typen, die eine enge Verwandtschaft zum Bulldog erkennen lassen. Dazu die tabellarischen Übersichten:

In Frankreich gebaut: der Austin

Riemenscheibenleistung

	Nennleistung PS	Normallast PS	Maximallast PS
Lanz HR 5	30	30,2	33,3
Linke-Hoffmann	45	44,4	47,6
Mercedes Benz	20	20,6	23,9
IHC Farmall F 20	18	18,7	20,9
IHC 12/20	20	20,3	23,4
IHC 15/30	30	36,5	39,0
Case Modell C	27	27,2	29,8
Fordson N	20	20,1	20,8
Marshall 15/30	24		29,1
HSCS K 35	28		33,3

Zughakenleistung

	Nennleistung PS	Normallast PS	Maximallast PS
Lanz HR 5	15	16,4	22,7
Linke-Hoffmann	35	32,5	34,2
Mercedes Benz	14	13,3	12,5
IHC Farmall F 20	9	11,0	13,8
IHC 12/20	10	12,0	17,0
IHC 15/30	15	22,4	29,3
Case Modell C	17	16,4	21,9
Fordson N	11	10,3	
Marshall 15/30	15		21,4
HSCS K35	20	16,7	22,6

Beim Vergleich dieser Ergebnisse fällt auf, daß der Bulldog HR 5 der einzige der drei deutschen Teilnehmer war, der seine Nennleistung am Zughaken nicht nur erreichte, sondern sie übertraf, während die amerikanischen Fabrikate ihre Nennleistungen weit übertrafen. Dies hängt mit dem Umstand zusammen, daß der „Nebraska-Test", gewissermaßen die Referenzprüfung, vorschrieb, daß die amerikanischen Herstellerangaben 75 Prozent der maximalen Zughaken-leistung und 85 Prozent der maximalen Riemenscheibenleistung nicht überschreiten durften.

Der Fordson jener Jahre war nicht mehr der epochemachende Typ F, der seit 1917 die Welt der Traktoren nachhaltig auf den Kopf gestellt und einen globalen Siegeszug angetreten hatte, sondern der seit 1929 in Cork (Irland) gebaute Nachfolger, das Modell N. Mit diesem Typ war das Konzept des Fordson an sein Ende gekommen – er war, zumindest auf dem europäischen Kontinent und wohl auch in Amerika, nicht mehr ganz auf der Höhe der Zeit. Während der Prüfungen ereilte ihn ein kapitaler Motorschaden in Form eines gerissenen Zylinderblocks, der es ihm unmöglich machte, den Wettbewerb abzuschließen.

Ein weiterer, hochinteressanter Schlepper war der Marshall 15/30. Die Britannia Iron Works in Gainsborough waren zu diesem Zeitpunkt über annähernd 80 Jahre als Hersteller von Dampflokomobilen, auch Selbstfahrern, weltberühmt. Deren Ära ging aber unwiderruflich zu Ende, und man hatte sich entschlossen, einen landwirtschaftlichen Traktor mit Verbrennungsmotor zu bauen. Nach kurzem, intensivem Studium des HL-Stationärmotors von Lanz, des 22/28 PS Groß-Bulldogs sowie des brandneuen 15/30 PS Kühler-Bulldogs – eben des Oxforder Testkandidaten – sollte zunächst eine Lizenzproduktion des HR 5 in Gang kommen. Die entsprechenden Verhandlungen

Austin

Ab 1929 kamen die Fordson aus Cork: Modell N – ausgeschieden wegen Motorschadens

scheiterten jedoch, und Marshall entschloß sich, eine Eigenentwicklung herauszubringen. Dabei folgte man dem überzeugenden Konstruktionsprinzip des Bulldogs: in Blockbauweise, mit liegendem, großvolumigen und langsamlaufenden (550 U/min) Einzylindermotor wurde der Marshall 15/30 ab Frühjahr 1930 in kleinen Stückzahlen gefertigt. Sein Auftritt beim World Tractor Trial war so etwas wie eine Jungfernfahrt und wurde dementsprechend von der Fachwelt, vor allem der britischen, beachtet.

Der Motor hingegen unterschied sich in einem entscheidenden Punkt ganz erheblich vom Mannheimer Vorbild: Marshall konstruierte einen echten Zweitakt-Dieselmotor – es hat nie einen Marshall-Schlepper mit Glühkopfmotor gegeben (wiewohl das Unternehmen jedoch Glühkopf-Stationärmotoren baute, die dem Lanz HL Ort-Bulldog aufs Haar gleichen).

Obgleich der neue Schlepper mit zahlreichen Anfangsproblemen zu kämpfen hatte (wie es anders auch gar nicht zu erwarten war), erzielte er einen Achtungserfolg, indem er bei sämtlichen Verbrauchsmessungen die Konkurrenten schlagen konnte. Vor allem Probleme mit der Kraftstoffpumpe und mit einigen Undichtigkeiten verzögerten die quälend langsam verlaufende und von schweren Rückschlägen gekennzeichnete Entwicklung des Marshall. Der Typ 15/30 gehört wie sein Nachfolger 18/30 heute international zu den allergrößten Raritäten. In der Zeitschrift „Schlepper-Post" (H. 3/98 – 1/99) habe ich die Geschichte der Marshall-Traktoren detailliert dargestellt.

Der weitere Wettbewerber, der unmittelbar mit dem Bulldog vergleichbar war, war der ungarische Hofherr-Schrantz-Clayton-Shuttleworth, Typ K 35. Das Unternehmen mit dem langen Namen war im Jahr 1900 durch die Fusion zweier renommierter Partner, nämlich Hofherr-Schrantz, der in der Donaumonarchie führenden Landmaschinenfabrik und des ebenso bedeutenden britischen Herstellers von Dampflokomobilen, Clayton-Shuttleworth, entstanden.

Er wurde zur Legende: Marshall 15/30 – der Bulldog stand Pate

Dem Bulldog abgeguckt: HSCS K 35

Beim Bau von Traktoren folgte man dem Lanz Bulldog mit liegendem Einzylinder-Glühkopfmotor, großem Hubraum und niedriger Drehzahl. Das logischerweise ebenfalls quer zur Kurbelwelle eingebaute Getriebe verfügte jedoch nur über zwei Vorwärtsgänge, der Kühlwasservorrat war um einiges geringer als beim Bulldog, das Eigengewicht jedoch nicht unbeträchtlich höher. Diese Faktoren brachten den HSCS im Trial, vor allem in dem achtstündigen Dauertest unter Praxis-Bedingungen, erheblich in Nachteil. Für etliche Arbeiten fehlte der mittlere Gang, die Maschine bekam Überhitzungsprobleme, Zuhaken- und Riemenscheibenleistung blieben hinter den Erwartungen zurück. Da der Schlepper keine Umlauf-, sondern eine Frischölschmierung besaß, war der Schmierölverbrauch wesentlich höher als beim HR 5.

Interessante Einblicke in die Prüfergebnisse vermittelt eine Tabelle, die jedoch nicht alle Wettbewerber berücksichtigt. Sie entstammt einer Veröffentlichung aus dem Hause Lanz und stellt naturgemäß den Lanz Bulldog in besonderer Weise heraus. Damit ist die Katze aus dem Sack: der 15/30 PS Acker-Bulldog HR 5, Schlepper-Nummer 78.360, war in der Summe aller Ergebnisse überlegener Sieger dieser Welt-Schlepper-Prüfung, ein Erfolg, den die Mannheimer verständlicherweise auf jede denkbare Weise vermarkteten.

Sehen wir uns jedoch die beiden weiteren deutschen Teilnehmer etwas näher an.

Der Linke-Hoffmann-Busch Raupenschlepper Bauart Stumpf, der legendäre „Rübezahl", war zu dieser Zeit noch mit einem großvolumigen Vierzylinder-Vergasermotor (Bohrung 110, Hub 160 mm, 50 PS bei 1 100 U/min) ausgerüstet, der von der in Berlin ansässigen Motorenfabrik Kämper stammte. Er wog etwa 3 200 Kilogramm, sein Getriebe wies drei Vorwärtsgänge und einen Rückwärtsgang auf, sein herausragendes Merkmal war, neben der allgemein hochwertigen Konstruktion und Qualität der Maschine, das Doppeldifferential-Lenkgetriebe, System Cletrac. Mit dieser Lösung von Antrieb und Lenkung stand der „Rübezahl" an der Spitze der Raupenschlepper seiner Zeit. Die teure Maschine war auf vielen Großbetrieben im deutschen Osten unentbehr-

				Lanz 15/30 PS Bulldog	Durchschnitts-werte der Dieselschlepper	Deutscher 14/20 PS Dieselschlepper	Durchschnitts-werte der Benzinschlepper	Deutscher 50 PS Raupenschlepper	Durchschnitts-werte der Petro-leumschlepper	Amerikanischer 10/20 PS Schlepper	Amerikanischer 15/30 PS Schlepper
Angemeldet mit	Zughakenleistung		in PS	15		14		35		10	22
	Riemenscheibenleistung		in PS	30		20		45		20	36
Motordrehzahl			Umdrehung/Minute	540		800		1100		1000	1050
Riemenscheibendrehzahl			Umdrehung/Minute	540		780		600		645	595
Riemenscheiben-leistungsprüfung	Vollast		in PS	30,2		20,6		44,4		20,3	36,5
	Höchstlast		in PS	31,0		23,9		47,6		23,4	39,0
	Acht-Viertel-Last		in PS	22,3		15,3		34,9		15	22
	Einhalb-Last		in PS	16,1		11,6		22,5		9,8	14,8
Achtstündige Zughaken-leistungsprüfung	Zughaken-Dauerleistung		in PS	16,4		13,3		32,5		12	22,4
	Schmierölverdünnung		in Prozent	0,9		1,2		2,7		11,3	12,6
	Wasserverbrauch		in Litern	0,45		130		0,9		4,5	4,5
Zughakenhöchst-leistungsprüfung	Zughaken-höchst-leistung	im 1. Gang	in PS	22,7		12,5		34,2		17,0	29,3
		im 2. Gang	in PS	23,2		13,7		33,0		16,1	26,0
		im 3. Gang	in PS	20,8		12,4		26,0		13,5	22,9
Vergleichende Nennleistung	Zughakenleistung		in PS	18,0		10,5		26,5		13,0	23,0
	Riemenscheibenleistung		in PS	26,5		20,5		40,5		20,0	33,0
Schlepper-Gewicht je höchster Zughaken-PS			in kg	121		202		101		121	104
Schlepper-Anschaffungspreis je Zughaken-PS			in RM.	367		700		408		345	284
Brennstoffverbrauch je 100 Zughaken-PS-Stunde bei Nennleistung			in kg	39,4		37,0		46,0		67,5	55,1
Brennstoffkosten für 100 Zughaken-PS-Stunde bei Nennleistung			in RM.	4,90	4,59	4,59	18,78	19,69	12,44	15,46	12,55
Gesamtkosten für Brennstoff und Schmieröl je 100 Zughaken-PS-Stunde bei Nennleistung			in RM.	6,55	7,56	7,55	19,80	20,71	14,30	17,24	14,39

Meisterstück aus Breslau

lich. Die Ergebnisse, die sie in Oxford erreichte, liegen jedoch etwas unter dem, was man erwarten konnte. Dies gilt sowohl für die Nennleistung an der Riemenscheibe, für den Kraftstoffverbrauch als auch für die Zughakenleistung im achtstündigen Dauerversuch. Woran mag es gelegen haben?

Auch der Mercedes-Benz Ackerschlepper, Typ OE, ist heute eine Legende. In seiner Zeit zielte er deutlich auf den großen Erfolg, den Lanz mit seinem Typ HR 2, dem Groß- oder Verdampfer-Bulldog hatte. Der liegende, quer eingebaute Einzylindermotor (Bohrung 150, Hub 240 mm) war ein klassisches Vorkammer-Aggregat. Er war mit dem Getriebe (3 V/1 R) verblockt.

Hier fällt nun auf, daß die Leistung des etwa 2 560 Kilogramm schweren Schleppers bei der Nennung zur Prüfung wesentlich niedriger angegeben wurde, als es hierzulande der Fall war: der OE gilt normalerweise als 26-PS-Schlepper! Dennoch blieb er mit 14/20 PS nicht nur deutlich unter diesem Wert, sondern die Prüfungen ergaben sogar noch beträchtlich niedrigere Meßwerte. Der Kraftstoffverbrauch war günstiger als beim Bulldog. Dieser wirtschaftliche Vorteil wurde jedoch von einer starken Schmierölverdünnung aufgehoben, die einen entsprechend großen Bedarf an frischem Öl mit sich brachte. Der Wasserverbrauch der Verdampfungskühlung war der höchste aller Teilnehmer, was die Prüfungskommission dazu bewog, diesen Punkt unter der Rubrik „Störungen" zu vermerken! Erich Ibielski, der legendäre Lanz-Werbemann, sparte nicht mit Hinweisen darauf, daß ein solch „abnormer" Kühlwasserverbrauch ein schwerwiegender Nachteil wäre und den Schlepper vor allem auch in wasserarmen Ländern völlig ungeeignet erscheinen ließ. Man wußte in Mannheim, wovon man sprach: der soeben erst vom HR 5 abgelöste Verdampfer-Bulldog HR 2 hatte mit genau dem gleichen Problem zu kämpfen, was ja schließlich den Ausschlag zur Entwicklung des Kühler-Bulldogs gegeben hatte. Wäre der zu Tausenden in aller Welt verbreitete HR 2 in der Prüfung gewesen, so wäre auch dessen Wasserverbrauch unter den „Störungen" vermerkt worden! Aber sicher ist, daß der Mercedes OE durch Lanz HR 5 schlagartig veraltet war – es sind ja auch nur 380 Exemplare gebaut worden.

Enttäuschend waren die maximalen Zughakenleistungen in den einzelnen Gängen. Im unmittelbaren Vergleich zeigte sich, daß die Leistung des Mercedes OE nur um ein Geringes höher ausfiel als die halbe Leistung des HR 5.

Im direkten Zusammenhang mit dem Mercedes

Benz OE steht ein weiterer englischer Teilnehmer, der Mc Laren. Die renommierte Dampfmaschinenfabrik in Leeds, stets in der Spitzengruppe der britischen Hersteller, unterhielt seit längerer Zeit Geschäftsverbindungen zu Mercedes Benz. Etliche moderne, schnelllaufende Dieselmotoren hatte man dort bezogen und mit ihnen Zuglokomobilen, ja sogar Dampf-Pflüge, motorisiert. 1928 übernahm man die Produktion des als Benz-Sendling, Typ BK, bekannt gewordenen Vierradschleppers, der seinerseits das Dreiradmodell S 6 ablösen sollte, in Lizenz: der S 6 war ja der erste Dieselschlepper der Welt, und er war über beinahe zehn Jahre durchaus erfolgreich gewesen. Dieser Erfolg konnte von dem Nachfolger, einem Rahmenschlepper mit Zweizylinder-Vorkammermotor von immerhin 35 PS und Dreiganggetriebe, nicht fortgesetzt werden. Er verschwand in Deutschland sang- und klanglos, vor allem, weil er in der schweren Zeit während und nach der Inflation viel zu teuer war.

Die Lizenzfertigung bei McLaren lief jedoch, wenn auch nicht mit sehr großen Stückzahlen. Ein beträchtlicher Teil dieser Schlepper wurde nach Australien exportiert. Leider ist über die Prüfergebnisse dieses interessanten, frühen Dieselschleppers nichts bekannt – aber er war dabei!

Der Blick auf die wichtigsten amerikanischen Schlepper lohnt, denn genau in diesen Jahren nahm ihre Verbreitung in Europa (England, Frankreich, Holland, Skandinavien) beständig zu. Auch in Deutschland erwarben sie sich einen hervorragenden Ruf, und vor allem das 1908 gegründete Werk der International Harvester Company in Neuss am Rhein vermochte es, die Typen Farmall (der Name sagt es: ein Allzweck-Schlepper), 10/20 und 15/30 mit relativ guten Verkaufsergebnissen auf den Markt zu bringen. Landwirte mit größeren Betrieben interessierten sich vor allem für den leistungsstarken 15/30er. In Verbindung mit diesem Schlepper kamen sogar die ersten amerikanischen Mähdrescher in jenen Jahren nach Deutschland.

Einen anhaltend guten Erfolg verhinderten dann zwei Faktoren: die Überlegenheit der Glühkopf- und Dieselschlepper – schon damals war die Frage der Kraftstoffpreise in Deutschland von entscheidender Bedeutung – und natürlich die veränderten politischen Verhältnisse nach der Machtübernahme durch die Nazis. Die Case-Schlepper, nicht weniger interessant, fanden in Deutschland hingegen nie nennenswerte Verbreitung, ganz im Gegensatz zu anderen europäischen Ländern.

Er enttäuschte: Mercedes-Benz Dieselschlepper OE

Für beide Marken wurden während des gesamten Verlaufs der Vergleichsprüfung keinerlei Störungen notiert. Es zeigte sich aber, daß die deutschen Maschinen im Kraftstoffverbrauch und in den Anschaffungskosten günstiger waren als alle Konkurrenten einschließlich der in großen Serien hergestellten Amerikaner. Ein Vergleich der Kosten je Zughaken-PS ergab folgendes Bild:

Die IHC-Typen 10/20 und 15/30 waren in einer interessanten Bauweise konstruiert. Eine Wanne aus Stahlblech umfing Getriebe und Motor, die miteinander verblockt waren, von unten. Anders also als bei einer herkömmlichen Rahmenkonstruktion, war der Motor in diese Wanne hineingestellt, die auch den Vorderachsträger aufnahm, wodurch sich bei oberflächlicher Betrachtung der Eindruck einer Blockbauweise ergab. Die Konstruktion hatte den Vorteil, daß bei Wartung und Reparaturen der Motor leicht ausgebaut werden konnte, wobei der Schlepper aber auf beiden Achsen stehen blieb.

Der 10/20 war genau mit diesen Leistungsangaben gemeldet, der 15/30er hingegen mit 22 PS am Zughaken, 36 an der Riemenscheibe: die gleichen Angaben machte IHC auch auf den DLG-Ausstellungen jener Jahre.

Bei einer Riemenscheibenleistung von 20,3 PS wies der 10/20 einen Kraftstoffverbrauch von 404 g/PSh, der 15/30 mit einer Leistung von 36,5 PS von 330 g/PSh auf. Da Petroleum mehr als doppelt so teuer war wie Dieselkraftstoff, mit dem der Lanz Bulldog HR 5 betrieben wurde, waren die IHC trotz des geringeren Verbrauchs wesentlich ungünstiger.

In der achtstündigen Zughaken-Nennleistungsprüfung erreichten beide IHC-Typen höhere als die angegebenen Leistungen. Die maximalen Zughakenleistungen lagen bei ihnen im ersten Gang, der Bulldog erreichte sie im für Ackerarbeiten geeigneteren zweiten Gang. Die maximale Zughakenleistung betrug beim HR 5 das 1,55fache der Nennleistung, beim IHC 15/30 nur das 1,32fache. Dessen Gewicht übertraf das des Bulldogs um zehn Prozent.

Die Zughakenleistung des 10/20ers wurde von der Prüfungskommission mit 13 PS angegeben, das entsprach 30 Prozent der angegebenen Nenn-leistung, die Riemenscheibenleistung entsprach mit 20 PS genau der Angabe. Beim 15/30 betrug die Zughakenleistung 23 PS (nur 5 Prozent mehr als die angegebene Nennleistung), die Riemenscheiben-leistung lag mit 33 PS sogar um acht Prozent unter der Herstellerangabe.

Mc Laren Dieselschlepper: Lizenz des Benz-Sendling BK

Starkes Stück aus Amerika: Case Modell C – ebenfalls bei uns kaum bekannt

Zwiefellos vermochte das veröffentlichte und von den Herstellern wohl auch unterschiedlich verwertete Zahlenmaterial auch zu verwirren. Der große Erfolg, den die IHC-Schlepper in aller Welt hatten, kam nicht von ungefähr: wir haben es mit Maschinen zu tun, die zu den besten ihrer Epoche gehörten.

Der Erfolg des Lanz Bulldog HR 5 jedoch war in jeder Weise gerechtfertigt. Seine unvergleichlich robuste Technik, seine Kraftstoff-Unempfindlichkeit und sein großes Leistungspotential machten ihn zu einem überlegenen Sieger. War die Marktposition der Mannheimer schon nach dem Erscheinen des Vorgängers, des Groß-Bulldogs HR 2, international gefestigt, so konnte die Kühler-Bulldog-Generation der HR 5- und HR 6-Typen mit insgesamt 11 500 Exemplaren diesen Erfolg weiter ausbauen. Lanz war nun der größte Schlepperproduzent auf dem europäischen Kontinent, wozu das Ergebnis des World Tractor Trial nicht unerheblich beigetragen hatte.

	Anschaffungskosten	Kraftstoffkosten
Glühkopfschlepper	20,1 Schilling	5,0 Shilling pro 100 Zughaken-PS-Stunden
Dieselschlepper	27,0 Schilling	5,0 Shilling pro 100 Zughaken-PS-Stunden
Benzinschlepper	27,1 Schilling	18,4 Shilling pro 100 Zughaken-PS-Stunden
Petroleumschlepper	16,9 Schilling	12,2 Shilling pro 100 Zughaken-PS-Stunden

Erfolgreich auch in Deutschland: IHC Deering 15/30

Noch einmal der Testsieger: Lanz Acker-Bulldog HR 5

Auch die Lohndrescher vertrauten auf den HR 5

Hohe Dauerleistungen auch an der Riemenscheibe

Schwergewichte auf weichen Böden

von Karl-Heinz Brüggmann

Bodendruck, Bodenverdichtung und Bodenhaftung – drei Faktoren, die in fast 150 Jahren die Landmaschinenhersteller und die Landwirte immer wieder vor Probleme stellten. Zur Zeit der selbstfahrenden Lokomobile und Dampftraktoren, zum Teil gigantische Stahlkolosse mit achtzehn Tonnen und mehr Gewicht, erlebte man so manche böse Überraschung. So versanken damals einige der Maschinen im wahrsten Sinne des Wortes im Boden.

1904 stellte Holt in den USA den ersten Dampfraupenschlepper, der aber wegen des hohen Gewichts nicht befriedigen konnte, vor. 1907 folgte eine Version mit Verbrennungsmotor und halbiertem Gewicht. Der „Caterpillar" brachte dann auch die ersten Erfolge. Er eignete sich bestens zum Ziehen der riesigen Mähdrescher, eine Arbeit, für die zuvor bis zu vierzig Maultiere auf Böden mit moorigem Untergrund im Einsatz waren.

In Deutschland setzte man der Dampfmaschine den Motortragpflug entgegen. Auch große Maschinen waren sehr wendig, aber in ihren Einsatzmöglichkeiten eingeschränkt. Die Bodenhaftung und somit die Zugkraft wurde durch zum Teil klappbare Spatengreifer an den Eisenrädern erhöht. Ihr Nachteil war der hohe Bodendruck, weil das gesamte Gewicht auf der Antriebsachse saß. So wog beispielsweise der WD 80 von Hanomag 7,2 t und lag somit noch vor dem 85 PS starken Komnick Tragpflug mit 6,8 t.

Ab 1919 bot Hanomag Raupenschlepper an, erst mit 20 PS und 3,3 t Gewicht, gefolgt von dem WD 250 mit 50 PS und 3,3 t Gewicht und dem WD 250 mit 50 PS und 6,5 t. Stock brachte 1927 einen Raupenschlepper mit 28 PS und 2,4 t heraus, bei dem auf viele Verschleißteile verzichtet wurde. Lanz stellte seinen 28 PS starken HR 2 Bulldog als Halbraupenschlepper mit 3,4 t vor. Dem folgte 1934 die HRK Raupe mit 55 PS und 3,5 t. Der Famo Raupenschlep-

Ab 1913 eine Ausnahme: Der Lanz-Landbaumotor mit 80 PS-Vergasermotor und 5,5 t Gewicht, hier mit Moorrädern

Famo Raupenschlepper „Riese"

Komnik Großschlepper PT von 1929 mit Gussfelgen, 52 PS, Gewicht rund 4 t

per Riese von 1941 war mit 100 PS und 8 t Gewicht, der größte Raupenschlepper, der damals in der Landwirtschaft eingesetzt wurde.

Alle Schlepper dieser Art hatten im Verhältnis zum Gewicht sehr geringen Bodendruck, zudem brachte eine gute Bodenhaftung hohe Zugleistungen. Zu den negativen Merkmalen zählten der Verschleiß, die geringe Geschwindigkeit und hohe Anschaffungskosten, die allerdings durch überdurchschnittliche Flächenleistung aufgefangen wurde.

Die vorgenannten Maschinen waren insgesamt auf die Bedürfnisse von Groß- und Gutsbetrieben ausgelegt. Für Kleinbetriebe begann 1929 mit der Produktion des ersten Diesel-Kleinschleppers mit 6 PS und 740 kg Gewicht von Fendt eine Entwicklung zum Universalschlepper, der aber erst nach 1945 seinen Siegeszug antreten konnte. Die Entwicklung des Rad-Traktors begann 1920, wie beispielsweise der Bulldog von Lanz mit 12 PS und 1,7 t Gewicht, der hauptsächlich als Zugmaschine Verwendung fand. Bis in die dreißiger Jahre hinein wurden alle Traktoren wahlweise mit Eisen oder Hartgummibereifung angeboten. Die Eisenräder waren mit Spatengreifer ausgerüstet, um ein Durchrutschen zu verhindern. Um den Bodendruck zu verringern, konnten zusätzliche Räder angebaut werden oder der Traktor wurde mit Moorrädern versehen, bei denen die Radauflage oft mehr als das Dreifache eines normalen Rades entsprach.

Ab 1934 brachten Firmen wie Lanz, Deutz und Hanomag ihre ersten Traktoren mit Gummi-Luftbereifung heraus. Mit dieser Bereifung wurden sie nun zu wirklichen Universaltraktoren, die ohne Umrüstung auf dem Acker und auf der Straße einsetzbar waren. Mit der Luftbereifung hatte man nun die Möglichkeit, durch Verringerung des Luftdrucks die Auflagefläche des Reifens zu vergrößern und den Bodendruck zu verringern. Obwohl es sich hier um ein wirklich vorteilhaftes Reifensystem handelte, was im Lauf der Zeit immer wieder verbessert wurde, konnten auch einige Probleme nicht gelöst werden. So wurden damals, vor allem für Erntearbeiten bei nasser Witterung, verstellbare Spatengreifer an den Felgen, Gitterräder und Anbauraupen angeboten.

Die Raupenschlepperproduktion endete mit den Hanomag Raupen K 55, 46 PS, 4,5 t und K 90, 90 PS, 8,5 t sowie den Deutz Raupen D 60, 60 PS, 5,4 t und D 90, 90 PS, 9,1 t in den fünfziger Jahren. Sie eigneten sich bestens für schwere Erntearbeiten bei schlechtem Wetter. Viele Landwirte fuhren ihren Radtraktor fest, und so konnte man 40- oder 50 PS-Traktoren mit einem beladenen Anhänger sowie einem Zwei- oder Dreier-Pferdegespann vor dem Traktor auf aufgewühlten Äckern beobachten.

Fendt F 20 von 1952 mit Anbauraupe, 20 PS, Gewicht 1,4 t

Mitte der achtziger Jahre habe ich selbst erlebt, wie bei der herbstlichen Blumenkohlernte ein 30 PS-Holder-Allrad-Traktor mit einem beladenen zweiachsigen Anhänger bis zu den Achsen im Dreck festsaß. Auch ein 40 PS-Holder als Vorspann reichte nicht aus. Erst mit Einsatz eines 60 PS-IHC kam dieser ungewöhnliche Zug (ein Anhänger, drei Traktoren) frei.

Was die schweren Maschinen von heute in Bezug auf die Bodenverdichtung anrichten, zeigen uns besonders im Winterhalbjahr die großen Seen auf landwirtschaftlichen Flächen. Hier kommt das Wasser oft erst gar nicht zur Dränage durch.

Die Aquarelle hat der Autor gemalt

Maßarbeit

Case MX 135 mit Kverneland Kombination

von Rudi Heppe

Claas Xerion mit passendem Hänger

Einsatzbereit: Claas Xerion

Passende Ergänzung für Fendt-Schlepper

Wer möchte nicht einen maßgeschneiderten Fendt in seiner Vitrine haben? War man bislang auf die Großserienhersteller angewiesen, können in Alteglofsheim in der Nähe von Regensburg diese Wünsche erfüllt werden.

Bekannt wurde die wohl kleinste Landmaschinenfabrik in Deutschland durch die filigranen Nachfertigungen der Schlüter-Traktoren. Doch Firmenchef Wolfgang Reisinger verhilft auch den Freunden der grünen Schlepper aus dem Allgäu zu ihrem Wunschmodell.

Setzt Fendt mit dem Farmer 400 Vario neue Maßstäbe in der Mittelklasse von 86 bis 100 PS, liefert Reisinger die Miniatur im Maßstab 1:32. Grundlage für diesen Umbau ist das Siku-Modell des 411er. Komplett zerlegt wird der Lack gegen die originalen Hausfarben grün und grau ersetzt. Das Interieur der Kabine gleicht farblich ebenfalls dem Original.

Das Weiste-Dreieck des Fronthubwerks wird entfernt und – wie beim Vorbild – durch zwei Hubarme aus eigner Fertigung ersetzt. Zusätzlich darf natürlich die Frontzapfwelle aus dem Haus Reisinger nicht fehlen. Am Heck fallen farblich abgesetzte Hydraulik-Anschlüsse ins Auge. Selbst die Heckleuchten sind in einem schwarzen Gehäuse untergebracht, und zusätzlich werden Arbeitsscheinwerfer an der Kabine und am Heck montiert.

Die PS-Zahl der Ausführung kann der Kunde bestimmen: Ob den 409 Vario mit 86 PS, dem 410 Vario mit 100 PS oder den 411 Vario mit 110 PS – alle drei Varianten sind lieferbar. Zwar fehlt der Motor unter der Haube, aber der seitliche Schriftzug weist auf die Kraft des Triebwerks hin.

Soll die Ausführung mit Frontlader sein? Auch kein Problem – nur den gewünschten Hersteller des

Erntegigant: Ropa Rübenkopfroder

Fendt Vario 400 im Detail

Fendt 615 nach Veredelung

Ladegerätes angeben und die Ausführung der Schaufel und schon wird die Miniatur um dieses Zubehörteil erweitert. „Bei der Zusatzausrüstung sind alle Wünsche möglich", sagt Wolfgang Reisinger und fügt hinzu: „Geht nicht – gibt's nicht!"

Ein weiteres Beispiel sind die Umbauten der 500er und 600er Reihe. Neben den Lackarbeiten und Zusatzausrüstungen ändert die Edel-Schmiede auch die Bereifung. Die Qual der Wahl hat der Käufer: Pflege-, Standard- oder Terra-Bereifung – alles ist möglich. Zusätzlich erhalten die Achsen noch handgefertigte Achstrichter. Fronthubwerk und Zapfwelle sind ebenso selbstverständlich wie die vom Kunden bestimmte Aufschrift auf der Motorhaube.

Ein besonderer Augenschmaus ist der Xylon 726 EVO. Die Projektstudie eines 65 km/h schnellen Hochleistungsfahrzeuges mit 180 PS wurde 1999 von Fendt während der Agritechnika vorgestellt. Kurze Zeit später lief schon der erste EVO in Alteglofsheim „vom Band". Obwohl in Marktoberdorf bislang nur der Prototyp präsentiert wurde läuft die Serienfertigung in der Werkstatt von Reisinger. Nach bekannter Manier wird das Lüdenscheider Modell hier veredelt. Eine Motorhaube ziert den vorderen Anbauraum um genügend Platz für den Motor zu lassen. „Frontzapfwelle und Fronthubwerk sind Standard", erläutert Reisinger und „...Kabineninterieur und Lackierung entsprechen zu einhundert Prozent dem Vorbild." Nicht zu vergessen die Beschriftung der Motorhaube.

Für niedrige Maschinenkosten in der Vitrine ist ein Fendt GT/GTA für einen richtigen Sammler unverzichtbar. Mit dieser Modellvariante im Eigenbau eröffnet Reisinger in Sachen Schlagkraft und Wirtschaftlichkeit neue Perspektiven für den Miniaturen-Landwirt:

Der vierte Anbauraum, ausgelegt als stabiler Rahmen aus Metall, ist viel zu schade um von Geräten verdeckt zu werden: integrierte Scheinwerfer,

Fendt zur Auslieferung bereit

Frontpacker „made by Reisinger"

Für jede Maschine das passende Gerät

Renault Atlas

Glanzlicht: Deutz 130 06 special

Fendt GTA

Serienfertigung eines Prototypen: Fendt 726

Deutz 4.51 mit Stoll-Fraontlader

Deutz DX 230

Fendt 512 c nach der Veredelung

Fronthubwerk mit Oberlenker und Frontzapfwelle. Passend dazu wird die Vorderachse gefertigt. In mühevoller Kleinarbeit entsteht der Auspuff und der aufwendige Luftfilter. Ein besonderes Glanzlicht ist die filigran nachempfundene Motorabdeckung mit den integrierten Hydraulikanschlüssen die selbstverständlich farblich abgesetzt sind. In gewohnter Manier die Gestaltung des Arbeitsplatzes, die farbliche

Wuchtig: Renault Atlas

Reisingers Motto: „Geht nicht – gibt`s nicht!"

Amazone Sämaschine

Absetzung der Kabine und der hinteren Kotflügel. Drei Varianten sind möglich: 370 GT, 370 GTA und 380 GTA Turbo.

Für Liebhaber der Youngtimer hat er eine besondere Überraschung. Der Fendt 620 von Gama aus den achtziger Jahren kann in Alteglofsheim heute noch veredelt werden. „Nur eine Voraussetzung sollte der Kunde mitbringen", lächelt Reisinger verschmitzt, „...er sollte das Modell haben, denn diese Modelle von Gama sind zu Beginn der neunziger Jahre als letztes ausgliefert worden." Wer sich in der glücklichen Lage sieht, eine solche Miniatur zu besitzen, kann sie vorbildgerecht zum „626" verändern lassen. Der kosmetische Eingriff durch den Schönheitschirurgen in Alteglofsheim umfaßt die Verlegung des Auspuffs auf die gegenüberliegende Seite und die Neuanfertigung des Luftfilters. Das äußere Blechkleid wird identisch dem Original angepaßt, ebenso wie das Interieur der Kabine. Haltegriffe für die Aufstiege, Spiegel und Arbeitsscheinwerfer in ausreichender Anzahl sind ebenso selbstverständlich wie handgedrehte Felgen mit der Nachbildung der Achstrichter. Als Letztes erfolgt die Beschriftung: Fendt Aufkleber am weißen Kabinendach und der „626"-Schriftzug, der die langgestreckte Haube ziert.

Für die Liebhaber der Gama-Miniaturen kann auch noch der Deutz 100 06 mit Kabine zum leistungsstarken „130 06 special" veredelt werden: Das leuchtende Deutzgrün der neuen Generation ziert Haube und Kabine. Motor und Rahmen sind passend im dunkleren grün abgesetzt. Das Frontgewicht aus Kunststoff wird gegen ein authentisches Metallteil ausgetauscht. Schwarze Scheibenrahmen, zwei Außenspiegel und Arbeitsscheinwerfer werten die Kabine optisch auf. Die wuchtige Bereifung aus dem Haus Reisinger darf nicht fehlen, ebenso die obligatorischen Achstrichter an beiden Achsen.

Ein weiteres Highlight ist der Deutz DX 230 der vorbildgerecht als kompletter Eigenbau in der bayrischen Werkstatt entsteht. Besonders imposant wirkt die lange Motorhaube und die vergrößerte Kabine. Hier sieht man deutlich die saubere und aufwendige Verarbeitung der Miniaturen aus Alteglofsheim: hier wird nur geschraubt und nicht geklebt. Alle verwandten Metallteile werden vom Chef höchstpersönlich auf der Drehbank gefertigt. Im Gegensatz zu anderen Kleinserienherstellern wird kein Teil aus Weißmetall gegossen, sondern ausschließlich aus Metallblöcken gefräst und anschließend mit Schrauben im Ein-Millimeter-Bereich verschraubt.

Für die Freunde der Traktoren aus Frankreich rüstet der rührige Bayer den Renault Atles auf: Wahlweise ist die leistungsschwächere Motorvariante mit 190 PS oder das Flagschiff mit 250 PS erhältlich. Dazu wird das Modell aus Fernost auf europäischen Standard umgerüstet. Dreipunktanbau in Front und Heck sind notwendig, um auf das Geräteprogramm von Reisinger nicht verzichten zu müssen. Dabei sind Frontzapfwelle und Oberlenker inbegriffen. Optisch aufgewertet wird der Renault durch passende Lackierung und Zurüstteile wie Spiegel, Arbeitsscheinwerfer und Rundumleuchte. Die ist serienmäßig bei der gewaltigen Zwillingsbereifung nach Art des Hauses. Vier Räder an beiden Achsen mit Abstandhalter und Achstrichtern sorgen nicht nur für weniger Bodendruck, sondern lassen den Franzosen auch in der Vitrine zum besonders herausragenden Modell werden.

Die Vorliebe für große Maschinen verwirklicht Wolfgang Reisinger besonders bei dem Claas Xerion. Auffallend sind für Kenner die eckigen Kotflügel über der Vorderachse. Gemeinsam mit der breiteren Bereifung, den Metallfelgen und den beiden Achstrichtern wirkt der Xerion wesentlich kräftiger als aus der Großserie. Eine besondere Leistung ist das Fronthubwerk mit den zwei zusätzlichen Hydraulikzylindern, um auch die schweren Anbaugeräte und das Frontgewicht aus der Edel-Schmiede kraftvoll anheben zu können. Die Liebe zum Detail kommt einem bei dem nachempfundenen Aufstieg zur Kabine entgegen: Haltebügel, weiß abgesetzt. Außerdem bemerkenswert sind die farblich authentisch nachempfundene Kabine und die beiden vorbildgerechten Rundumleuchten mit Arbeitsscheinwerfer am Heck der Kabine.

Ist das Fahrzeug mit der Terra-Bereifung ausgerüstet, fehlen selbst die vorgeschriebenen Warntafeln auf den Kotflügeln nicht. So dürfte es keine Probleme beim Modell-TÜV geben!

Wer kennt das Problem der Miniatur-Sammler mit dem Transport der Maschinen nicht. Hier hat Wolfgang Reisinger „das Flehen seiner Kunden erreicht", einen geeigneten Spezialtransporter zur Verfügung zu stellen. Ob auf dem Weg zum Schlüter-Tag, zur Feld-Vorführung des Xerion, der Fendt auf dem Weg zur Agritechnika oder Lemken-Geräte auf dem Weg zum Landmaschinenhändler – alle Transportfreunde können ihren MAN mit der gewünschten Farbgebung in Auftrag geben. Das Fernverkehrshaus mit komplettem Spoilersatz und der Tieflader werden

Renault Atlas mit Rabe-Saatbeetkombination

Renault Atlas mit Pflug und Frontgewicht

vorbildgerecht lackiert und beschriftet. Um den Eigentümer auszuweisen, werden alle LKW von Reisinger zugelassen und mit dem Wunschkennzeichen des Kunden ausgestattet. Verschmitzt fügt der Bayer hinzu: „... und das ohne Aufpreis bei der Zulassungsbehörde."

Besonders breit ist die Angebotspalette der Landmaschinen aus dem Hause Reisinger: Von Amazone bis Welger reicht das Angebot der Umbauten und Eigenanfertigungen. Ob pneumatische Drillmaschine mit Fronttank oder Saatbetkombination mit Frontpacker – alles ist lieferbar. Bei den Pflügen reicht das Angebot vom Sechs-Schar- bis zum Zwölf-Schar-Pflug. Dabei ist der große Pflug ein vollständiger Eigenbau. Dazu werden in Alteglofsheim vom Rahmen bis zum Pflugschar alle Teile selbst gefertigt. Um die Schnittbreite in der Vitrine optimal einstellen zu können, zeigt der Erbauer Herz für die Sammler: mit winzigen Gewindestangen läßt sich diese optimal einstellen. Unverzichtbar für diese Anwendungen ist das fahrzeugspezifische Frontgewicht aus dem Hause

Auf der Fahrt zu den Schlüter-Tagen

Passende Zugmaschinen für die Landmaschinenindustrie

Veredelt: Fendt 626

Claas Xerion auf Reisen

Reisinger: Für alle Schleppergrößen und -Hersteller ist ein passendes Frontgewicht verfügbar. Ergänzend fügt der Erbauer hinzu: „Um den Belastungen der im Heck angebauten Maschine stand zu halten, sind diese selbstverständlich komplett aus Metall."

Ungewohnte Wege beschreitet der Allround-Mann aus Bayern mit der Vorstellung des selbstfahrenden Rübenroders von Ropa. Um die Schlagkraft von sechs Reihen gleichzeitig zu schaffen, verfügt der dreiachsige Selbstfahrer über 420 PS. Die Besonderheit des Köpfrodbunkers liegt im Knickrahmen, der ein ganzflächiges Überrollen der gerodeten Fläche über ein Breite von 4,40 Metern ermöglicht. Hierbei wird der Rahmen nach links oder rechts geschwenkt, wodurch zusätzlich der Wendekreisdurchmesser auf 10,80 Meter verringert wird. Allrad und Hundganglenkung machen die Maschine besonders wendig. Angetrieben wird der Selbstfahrer mit einem stufenlos hydrostatischem Zwei-Gang-Schaltgetriebe, das stufenlose Geschwindigkeiten bis 20 km/h zuläßt. Um die Stundenleistung von 1,5 Hektar pro Stunde zu erreichen, faßt der Bunker etwa 26 Tonnen Rüben. Die Ausmaße sind gewaltig: mit einer Länge von 14 m, einer Höhe von 4 m erreicht er eine Entladehöhe von 3,80 m. „Dieser Ernte-Gigant hat mich derart fasziniert, daß ich ihn einfach 32-fach verkleinern mußte", gesteht der passionierte Modellbauer. Entstanden ist so ein dreiachsiger Selbstfahrer, bei dem selbst der aufwendige Knickrahmen nicht fehlt. Alle Lenkungsarten des Originals können nachempfunden werden. „Nur eins konnte ich noch nicht kontrollieren", erfahren wir von Wolfgang Reisinger, „ob der Bunker tatsächlich 26 Tonnen faßt. Der Bunker umfaßt jedenfalls nach der Umrechnung die 40 cbm des Originals." Leider standen uns keine Rüben in 32-facher Verkleinerung zur Verfügung – aber den Ausmaßen zu folgen müßte es passen.

Zum Schluß werfen wir noch einen Blick auf das zweite Hobby des Modellbauers. In seiner – sicherlich knapp bemessenen – Freizeit dreht er zur Zeit einen aufwendigen Videofilm über die Ackergiganten die auf den Äckern des Freistaates Bayern ihren Dienst versehen. „In Kürze ist der Rest abgedreht", sagt der passionierte Hobbyfilmer und stellt den fertigen Streifen für Interessierte zur Verfügung. Am sichersten erfährt man das Ergebnis im Internet. Hier ist der Bayer selbstverständlich mit seinen Miniaturen und Filmen von den Schlüter-Tagen der vergangenen Jahre präsent. Einfach mal reinschauen bei „www.rwmt-reisinger.de".

Weitere empfehlenswerte Traktorenbücher des Podszun-Verlags

Fordern Sie kostenlos und völlig unverbindlich unseren neuen Prospekt an mit Büchern über:

- Motorräder
- Autos
- Traktoren
- Feuerwehrfahrzeuge
- Baumaschinen
- Lastwagen

Verlag Podszun-Motorbücher
Postfach 1525
D-59918 Brilon
Fax 02961 / 2508

144 Seiten, viele Abbildungen
22 x 28 cm, fester Einband
EUR 19,90

144 Seiten, viele Abbildungen
22 x 28 cm, fester Einband
EUR 19,90

144 Seiten, viele Abbildungen
22 x 28 cm, fester Einband
EUR 24,90

144 Seiten, viele Abbildungen
22 x 28 cm, fester Einband
EUR 19,90

144 Seiten, viele Abbildungen
22 x 28 cm, fester Einband
EUR 19,90

144 Seiten, viele Abbildungen
22 x28 cm, fester Einband
EUR 19,90

144 Seiten, viele Abbildungen
22 x 28 cm, fester Einband
EUR 19,90

144 Seiten, viele Abbildungen
22 x 28 cm, fester Einband
EUR 19,90

180 Seiten, viele Abbildungen
22 x 28 cm, fester Einband
EUR 24,90